20岁的定位
30岁的地位

易文杨◎编著

20岁的时候能够准确定位，30岁就能提升你的地位。定位能决定人生，定位能改变一个人的命运。

ershisuidedingwei sanshisuidediwei

中国华侨出版社

图书在版编目（CIP）数据

20 岁的定位，30 岁的地位/ 易文杨编著 . —北京：中国华侨出版社，
2011.8
ISBN 978 - 7 - 5113 - 1606 - 6

Ⅰ.①20…　Ⅱ.①易…　Ⅲ.①人生哲学 – 青年读物
Ⅳ.①B821 – 49

中国版本图书馆 CIP 数据核字（2011）第 146456 号

●20 岁的定位，30 岁的地位

编　　著/易文杨
责任编辑/梁　谋
封面设计/中侨智杰
经　　销/新华书店
开　　本/710 × 1000 毫米　1/16　印张 18　字数 211 千字
印　　刷/北京溢漾印刷有限公司
版　　次/2011 年 8 月第 1 版　2011 年 8 月第 1 次印刷
书　　号/ISBN 978 - 7 - 5113 - 1606 - 6
定　　价/32.00 元

中国华侨出版社　　北京朝阳区静安里 26 号通成达大厦 3 层　　邮编 100028
法律顾问：陈鹰律师事务所
编辑部：(010) 64443056　　64443979
发行部：(010) 64443051　　传真：64439708
网　　址：www.oveaschin.com
e - mail：oveaschin@ sina.com

前言

二十几岁，是人生的"黄金年龄"，是人生最美好的阶段。二十几岁，人的生理和心理逐步成熟，是精力和体力都非常充沛的时期。二十几岁，真正的人生才刚刚开始。

二十几岁你有什么样的定位，决定了三十几岁你拥有什么样的地位。二十几岁你必须充分认识到金钱、人脉、压力等现实问题的存在，为自己确立一个清晰的定位，那么到三十几岁你才能拥有你想达到的地位。

有个年轻人问哲学家："如果我在二十岁的时候吃喝玩乐，充分享受生活，到三十岁再努力拼搏，有没有可能成功呢？"哲学家想了想说："孩子，相信我，如果你在二十岁的时候没有奋斗的状态，那么到三十岁你只能比二十岁更糟，到四十岁你的人生可能已经一塌糊涂。"

人生的状态是环环相扣、层层递进的，每个年龄阶段都有它要做的事。美国著名学者内德·莱姆塞曾经说："如果时光可以倒流，世界上将有一半的人成为伟人。"很多人没有成功，关键是在二十几岁的时候没有把握机会，没有做好人生的积累。

很多人的生存起点都差不多，但是若干年后生存状态却有巨大的差异。主要是因为他们在人生的前半部分没有打好坚实的基础，没有作好准备。所谓"有因才有果"，一个人想要什么样的生存状态，取决于他前期作了什么样的铺垫和准备。

一个人的命运，取决于他对人生的思想认识和人生态度。一个人只

有知道了什么是最重要的，他才能知道如何去做。

对于年轻人来说，尽早地去掉那些少年的生涩、偏执和意气，认清现实，尽早为自己定位，确立自己的目标，把握自己的人生，为前途作准备无疑是最为重要的。

二十几岁，是决定人生状态的年龄：二十几岁无规划，三十几岁规划已来不及；二十几岁无信念，三十几岁难成就；二十几岁不忍耐，三十几岁没能耐；二十几岁不变通，三十几岁无出路；二十几岁不耕耘，三十几岁无收获；二十几岁不自律，三十几岁无前途；二十几岁不积极，三十几岁难成功；二十几岁不学习，三十几岁学习起来更吃力；二十几岁不锤炼，三十几岁难立足。二十几岁的时候，你必须从思想认识、心理状态、行为习惯、知识积累、职场经验等各个方面不断积累，充实完善，你才能在三十岁左右实现一个飞跃，提升自我的状态。

林肯曾经说："智慧帮助我们，让我们不必用烫伤自己的方法体验火的炙热。"同样，人在二十几岁的时候，不一定要自己经历千辛万苦才认清现实，通过智慧的判断，同样可以达到目标。

本书正是从年轻人的现状出发，针对年轻人在实现自我价值和目标过程当中存在的疑惑和迷茫，提出相应的观点和见解，给在为自己前途和人生奋斗拼搏的年轻人以指引和提携。希望通过本书，能够开启年轻人的智慧，扩展他们的眼界，在人生路上尽早实现自己的梦想。

编者

目　录

第一章　二十几岁不定位，三十几岁没地位

人生就像一场接力赛，一段一段地往下跑。如果你在前一段落后了，那么后面就会节节落后。你要想在下一段有所收获，那么在上一段你必须努力向前跑。俗话说：三十而立。大部分人都需要在三十岁事业有成，经济独立。如果你想在三十几岁有所成就，那么就必须在二十几岁的时候确定一个正确而清晰的目标，作出一个定位，并为之付出努力，这样你才能在三十几岁的时候拥有自己的地位。

立足现实，认识生存和竞争的压力 …………………………… 2

适应环境，不要和现实做无谓的抗争 …………………………… 7

正视金钱和地位的正面作用 …………………………… 12

倾听内心，知道自己真正想要什么 …………………………… 15

不怕被人看低，就怕被人看高 …………………………… 19

准确定位，以己之长攻人之短 …………………………… 24

认识自己，才能够驾驭人生 ……………………………… 28

第二章 二十几岁不规划，
三十几岁规划也来不及

目标对于一个二十几岁的年轻人来说是至关重要的，可以说，有什么样的目标，就会有什么样的人生。没有目标，就像在大海当中的航船失去了方向，终究会被汹涌的海浪所吞没。人生没有目标，通常也就失去了意义，浪费着自己的生命，到头来一事无成。有清晰且长期的目标，并且一直努力向目标迈进，才会有一个成功的人生。

人生有目标才能走得更快 ……………………………… 34

从现在起规划你的人生 ………………………………… 39

目标不怕太高 …………………………………………… 42

先要为目标付出 ………………………………………… 46

将目标付诸行动 ………………………………………… 49

一步一步实现目标 ……………………………………… 53

分解目标，实现起来不再难 …………………………… 58

第三章 二十几岁无信念，
三十几岁无成就

宋代词人苏轼指出："古之成大事者，不惟有超世之才，亦有坚忍不拔之志。"这里的"志",说的是信念。信念在人一生的成败中,占有很重要的地位。信念具有一种神奇的力量,能使人在沮丧时也能燃起希望的火把;失意时再次扬起生命的风帆。二十几岁的年轻人,往往缺少的就是坚持下去的信念和顽强的毅力。做事容易虎头蛇尾,半途而废,这使他们在人生的道路上停滞不前。拥有信念,你的成功就在不远处。

坚定的信念是成功的前提 ………………………………………… 64

信念是前进的支撑 ………………………………………………… 66

把信念坚持到底 …………………………………………………… 69

百折不挠,金石可镂 ……………………………………………… 72

从哪里跌倒就从哪里爬起来 ……………………………………… 75

坚持不懈,终会成功 ……………………………………………… 78

第四章　二十几岁不忍耐,
三十几岁没能耐

人生的路上,有的时候比的不是谁跑得快,而是谁跑得久。二十几岁的年轻人通常缺乏耐心,做事容易半途而废,这也成为很多人到三十岁仍然一事无成的原因。二十几岁的年轻人,刚进入社会,往往既无人脉,也无实力,大部分都是处于弱势,在这种情况下"识时务者为俊杰",凡事少开口,少辩论,多忍耐。当你具备了相当的实力和能力之后,你就无需忍耐,可以为自己争取必要的利益。如果在二十几

岁的时候少冲动，多忍耐一些，那么很多人就可能成功更早一些，达到目标更快一些。

暂时忍耐，三思而行 ················ 84

忍一时风平浪静 ················ 86

忍一时之气才能成大器 ················ 89

胸怀宽广，以退为进 ················ 93

外圆内方，刚柔并济 ················ 98

第五章 二十几岁不变通，
三十几岁无出路

梁启超在《少年中国说》中提到"变则通，通则达，达则久"。变是万事万物存在的根本，任何事物莫不是在不断的变化中实现了自我更新和发展。绝对不变的事物是不存在的。不变意味着倒退，不变意味着衰落。二十几岁人生还未定型，是重要的转折期和过渡期。这个时候，事业、婚姻、生活态度都还没有形成，还可以改变。可是如果过了三十岁，一切都已经定型的时候，再要改变那就十分困难了。所以二十几岁要变通，三十几岁才有出路。

停滞不前就是一种失败 ················ 104

勇于突破，敢于尝试新的体验 ················ 107

不要在轻松的环境里待得太久 ················ 111

不试试,你怎么知道你不行 ················ 115

逆水行舟,敢于拼搏 ···················· 119

创新不要受惯性思维的限制 ·············· 123

培养 360 度思维 ······················· 126

激发个人创新的方法 ···················· 128

第六章　二十几岁不耕耘，
三十几岁无收获

《老子》中说："将欲取之,必先予之。"自古以来,人们都遵循一个朴素的理论,那就是要想得到,必须先有所付出;要想收获,必须先耕耘。天下没有白吃的午餐。现在的很多年轻人,心态浮躁,总是幻想着不劳而获,一夜成名,却不知道脚踏实地地去努力,去付出。年轻人要想在三十岁前有所收获,就必须在二十岁的时候懂得耕耘。否则,所有的理想都只是空想而已。

好的机遇来自于付出 ···················· 132

投机取巧不如脚踏实地地付出 ············ 135

管理好自己的时间 ······················ 137

不用太计较得失 ························· 144

竭尽全力,一丝不苟 ···················· 148

第七章　二十几岁不自律，
三十几岁无前途

著名哲学家苏格拉底说："控制自己的人才能控制世界。"人只有控制自己，克服人生前进过程当中的障碍，才能获得成功。人在二十几岁的时候，体力精力充沛，生理机能达到顶峰，但是也往往不知道珍惜和节制，自由散漫，在很多事情上不能控制自己，浪费了自己的时间和精力，一事无成。要想在未来有个好的前途，那么从现在开始，控制好你自己。

学会控制自己的情绪 …………………………… 152

自我控制是一种重要的能力 …………………… 157

自我反省益处多 ………………………………… 161

名利之心不能太盛 ……………………………… 164

自律的造就卓越 ………………………………… 168

赶走欲望和贪念 ………………………………… 170

波澜不惊是你最好的姿态 ……………………… 176

张弛有度才是持久之道 ………………………… 179

第八章 二十几岁不积极，
　　　三十几岁难成功

　　成功学家拿破仑·希尔曾经说："积极心态拥有一种强大的力量，它能够改变你的人生。"积极的心态是一种充满魔力的法宝，它能够决定人生的成败，还能够帮你提高解决难题的能力，激发你自身强大的动力，创造出无限精彩的奇迹。二十几岁的年轻人，容易被暂时的困难和挫折打击，悲观失望，灰心丧气。多接受积极心态的引导和暗示，将帮助你尽快从失败的阴影当中走出，重新探索成功。

心态决定命运 ………………………………… 184

相信天生我材必有用 ………………………… 188

克服自己的消极心态 ………………………… 192

逃避永远不能解决问题 ……………………… 196

不要给你的懒惰找借口 ……………………… 200

掩饰错误不如承认错误 ……………………… 202

没有"不可能"，只有"不去做" …………… 205

别用淡漠来耍"酷" …………………………… 208

心态不分年龄 ………………………………… 213

想到才能做到 ………………………………… 215

自我激励能战胜任何困难 …………………… 218

第九章　二十几岁不学习，
三十几岁学习起来更吃力

　　学习是世界上最值得进行的投资。成功，取决于能力，而能力，取决于学习。只有不断地学习，人才能不断地进步，跟上社会发展的步伐。学习能力，是一个人取得成就的关键。如果一个人不会学习，那么他永远不会取得成功。二十几岁接受能力和适应能力都很强，正是人生学习的最佳时期，年轻人应该懂得利用好这段时期，不断学习，从各个领域吸收对自己有利的知识，不断丰富自己，为三十岁积累足够的知识，为成功奠定坚实的基础。

学习决定未来 ……………………………… 224

社会是一所大学 …………………………… 227

给自己立一个学习目标 …………………… 231

每天都要多学一点 ………………………… 233

积累知识，提升自我 ……………………… 236

要懂得"学以致用" ………………………… 238

自学也是一种成才途径 …………………… 241

第十章 二十几岁不锤炼，
三十几岁难立足

职场是人生的历练场，是年轻人获得地位和能力，体现自我价值的"阵地"。在职场上能否站稳脚跟，并且脱颖而出，做出一番事业直接决定了一个人一生的成就。二十几岁的时候打好自己的职场根基，在三十几岁的时候才能有能力、有稳定的职场地位。要想达到这一目标，就要在二十几岁的时候锤炼自己，努力适应职场的规则，在职场中游刃有余，无往不胜。

不断提升自己的能力 …………………………… 246

做自己的行业领域的"专家" ………………… 249

专注胜于一切 …………………………………… 251

平衡工作与生活 ………………………………… 254

突破自我，向高难度挑战 ……………………… 257

不要让"坏习惯"毁了你的前途 ……………… 260

紧抓兴趣，做出一番事业 ……………………… 263

别让机会从身边溜走 …………………………… 266

不要过分看重"文凭" …………………………… 268

训练自己的竞争力 ……………………………… 271

第一章
二十几岁不定位，三十几岁没地位

人生就像一场接力赛，一段一段地往下跑。如果你在前一段落后了，那么后面就会节节落后。你要想在下一段有所收获，那么在上一段你必须努力向前跑。俗话说：三十而立。大部分人都需要在三十岁事业有成，经济独立。如果你想在三十几岁有所成就，那么就必须在二十几岁的时候确定一个正确而清晰的目标，作出一个定位，并为之付出努力，这样你才能在三十几岁的时候拥有自己的地位。

立足现实，认识生存和竞争的压力

每个人活在世界上，生存是第一前提。人只有保证了生存才能做其他的事。一个只有凭借自己的力量保证了自己生存的人，才有资格谈论梦想，畅想未来。

现代很多年轻人，谈起理想来头头是道，说起现实来不堪一击。理想固然美好，但是人不能光靠理想活着，必须考虑现实。一个人只有把理想和现实结合起来考虑，心智才能逐步成熟，也才有可能改变现实，实现理想。

可以想象，如果一个人连独立和生存都保证不了，那么他的理想、抱负、远大的目标……一切的一切，都将是空谈。

曾经看过这样一个寓言：

在一望无际的大海上，一个艺术家雇佣了一个渔夫的小船，在海上一边欣赏景色，一边作画，觉得无比惬意。这个时候，他看到对面的渔夫只是低着头划船，大汗淋漓，却对海面美丽的景色熟视无睹，他顿时觉得大煞风景。他很想让渔夫赞叹一下自己伟大的艺术境界。于是他开口问道："先生，你懂哲学吗？"渔夫老实地回答："不懂。"艺术家连忙说："太遗憾了，你已经失去了一半的生命了。"接着他又问："那么你懂艺术吗？"渔夫仍然摇摇头，说："没听说过。"哲学家又说："太不幸了，你已经失去了三分之二的生命了。"哲学家又问："那么你至少懂得文学、音乐吧?"渔夫又说："不懂。我一辈子都在海上划船,除了划船我什么都不懂。……"但是就在这个时候,突然打来一个巨浪,小船不堪重负,开始一点点下沉。渔夫连忙问艺术家:"你会游泳吗?"艺术家说:"不会。"渔夫无奈地说:"那你将失去全部的生命了。"

所有的艺术、科学,美好的幻想,都必须建立在生存的基础上。我们必须掌握一些实际的生存的技能,首先保证自己能生存下去,才能谈到别的。而那些看似简单、粗陋的事情,有时候恰恰就是我们生存的根本。如果丢弃了这些,再美好的理想都只是空中楼阁,无从实现。

维持生存是求得发展的第一步,只有这第一步扎稳了,你才可能谈得上发展。如果你二十几岁不去考虑自己的生存现实,不为解决自己的衣食住行而努力,那么,到了三十几岁,你仍然还在为你的生存而苦恼和困扰的时候,你何谈实现自己的理想和地位?

现在很多年轻人物质条件优越,没有衣食之忧。在他们看来,那些衣食住行之类的生活琐事和他们无关,他们天生就是要做大事的,而不是每天围绕着几毛、几块的柴米油盐浪费时间。于是,他们每天头脑当中完全是不切实际的东西,幻想着自己有朝一日能够"举世闻名天下知"。

这样的思维使得他们常常心态浮躁,具体表现在:总是妄想一朝成名,一夜暴富,不能踏踏实实地做事;总是想寻找捷径;事情还没有做好的时候,就想象着自己功成名就的辉煌,而忘记了眼前的努力;总是认为自己是个人才,不肯轻易屈就自己,眼睛盯着大目标,看不起眼前的小工作,大事做不了,小事不愿做。可以想见,

这样的人，即使再好的机会摆在他的面前，他也会因为不理想或者不满意而视若无睹，又岂能做成什么大事呢？

而现实就是现实，它不会为你特地打造一个得天独厚的环境出来，让你在其中驰骋遨游。如果你因为现实距离你的梦想太远就灰心失望，整天浑浑噩噩无所事事地过日子的话，那么你之后的三十岁、四十岁乃至你的一生就注定要在贫困潦倒当中度过了。只有立足现实，切切实实从身边的小事做起，你才能从贫困、窘迫当中走出来，才能帮助你实现自己的理想。

很多年轻人，快到三十岁了仍然一事无成，还在向父母伸手要钱，还在接受亲人朋友的救济，这样的人，人们很难去承认他们的才华和能力。或许他们有，但是早已经掩盖在他们的窘迫和贫困当中了，令人们难以发现。

古话说："远水解不了近渴。"卖火柴的小女孩在火柴光里看到的火鸡再美味，也难逃饿死的命运。如果你胸怀远大的理想，就必须先保证自己的生存。否则，在理想未实现之前，你已经被饿死了。

也许你的理想很远大，你的梦想也很美好，可是现实是：这个世界的人口正在激增，物质资源日益紧缺，竞争压力逐步增大。世界上每天都在增加数百万人口，而且每年都有从大学毕业的数以千万计的优秀人才走向社会。同一个工作数百人竞争，同一个机会很多人想做，每个人都站在同样的起点上，凭自己的能力和才华获得岗位和机会。那么，你凭什么认为你比别人更优秀？你凭什么认为好的工作应该由你来做？

不论何时，我们都要知道，社会的物质资源是有限的，而环境也不会按照我们想象的样子存在。如果我们要实现自己的理想，证明自己的优秀，那我们首先要做的就是立足现实，从现实出发，一步一步积累扎实的基础。

也许等到你三十岁的时候，你才发现原来自己又回到了原点。后悔如果刚开始的时候就从实际开始，从现实出发，那么早就做出一番事业了。但是等到那个时候，你已经身心疲惫，你的体力和精力都已经失去了二十几岁时候的最佳状态，你的激情已经衰退。你那时候再从原点开始，面对的竞争更大，困难更多了。你将面对的是双倍的压力。

经过五年医科大学的深造，王海踏入了大军的行列。他是学生会干部。几乎年年获得奖学金，可谓出类拔萃。他踌躇满志，一心要在某个大医院谋得一个职位。当时正好有一场招聘会，他便约好友李斌一同前去。

王海把目光锁定在几家大医院，但他的简历在手里捏出了汗也一直没投出去，因为人家的招聘条件写得很清楚：硕士以上文凭。他一天下来毫无收获，晚上碰到李斌，李斌说："一家小医院刚成立，很缺人，他们叫我下星期去面试，要不你也去看看吧。"王海不甘心屈就一家小医院，他谢绝了李斌。再次见到李斌的时候，李斌已经与那家小医院签订了就业协议。李斌还是劝他也去，但是王海却说："我一个学生会干部、优等生，苦读五年后去一家毫无前途的小医院，这不说明自己太没有志向了吗？"一晃一年过去了，王海漂泊在繁华的都市里，一次次地投出简历，一次次地石沉大海。他后来决定到上海做最后一搏。但是没想到李斌竟然也在上海。李斌请王海吃饭，王海非常感激。"我刚去报到没几天，单位就派我出来进修。领导还说，今后要把我当学科带头人培养……"李斌侃侃而谈，

王海则如同嚼蜡。

此后，王海边打工边复习，三年以后，终于考回了本校的研究生。研究生毕业的时候，他已经30岁了。王海借了一套并不合身的西装，来到本市一家颇有名气的医院面试。当他走进面试现场时，一个熟悉而又陌生的面庞正对着他。是的，没错！那个从前唯自己马首是瞻的李斌！王海不知道自己是怎么回答各种提问的，当他神情麻木地走出考场时，一名护士小姐喊住了他："先生，先别走，中午李副主任请你吃饭。"

五六年没见了，李斌客气地招待着王海，王海却极不自然。"老同学，我也很意外。本来我在那家小医院干得不错，后来由我负责的一项科研课题获了奖，这家医院很感兴趣，就把我挖了过来，还给我任命了一个副主任的职务。"王海尴尬地笑了笑，李斌有点愧疚地说："按理说我是应该帮你一把的，可我们明确要求有三年以上经验的医生，很难通融呀。"王海一下懵了，李斌又说："不过我原先在的那家小医院发展得很不错，虽说他们现在原则上不收应届生了，但凭我的人缘应该没什么问题。当然，如果你不嫌弃的话。"王海还是到了那家六年前他嗤之以鼻的医院上班。有时他会想，究竟是什么原因使自己输给了起点不如自己的李斌的呢？想来想去，他也没有答案。

王海本身是优秀的，但是他后来输就输在把自己的起点定位得太高，心高气傲，小工作看不上眼，无法立足现实，屡屡受挫，最后兜了一圈，一事无成，又回到了最初的原点。

成功没有其他，第一就是要立足现实，脚踏实地，一步一步地实现自己的目标。

当一个人不能立足现实,认识到生存竞争的压力,而总是"这山望着那山高"时,必然会付出相当惨痛的青春代价。他在这种浮躁孤傲的心态当中越久,他付出的代价就越大。他不懂得,"万丈高楼平地起",再伟大的理想必须扎根在现实的土壤里才能发芽开花。

一个人要在社会中立足,第一个需要做的就是要改变自己的心态,立足现实,充分认识到生存竞争的压力。能够潜下心来,让自己从身边的现实出发,力所能及地做一些事情,通过自己的双手,改变自己的生活。能够这样做得越早,就越能够少走一些弯路,尽快步入事业成功的轨道。

适应环境,不要和现实做无谓的抗争

很多年轻人刚毕业,踌躇满志,充满激情,就像一只开足了弓的箭,恨不得立即射出去,爆发自己的威力,命中自己的目标。这个时候,年轻人都充满了足够的自信,认为自己年富力强,无所不能,跃跃欲试地想去改变生活,改变世界,认为自己就像阿基米德曾经说的:"给我一个支点,我能撬起整个地球。"

但是走进社会后不久,他们发现改变现实并不是那么容易的事情,现实并不像他们想象得那样美好,大部分人都会感受到社会现实的限制和制约,让自己的抱负和能力无从施展,浑身上下的激情和能量顿时化为一股怨愤,士气大落,就像一只泄了气的皮球,在

现实的打击当中败下阵来。于是很多人由此走向了极端，认为生活原本就是平庸和无聊，他们不再奢望任何理想，而是消沉和倦怠，胸无大志，一天一天在平淡当中浪费着自己的青春和生命。如果个人因为受到现实的一点挫折和阻力就失去了信心和斗志的话，那么他这一生都无法再取得任何成就。

其实，足够睿智的人就会发现，现实就是现实，它并不像很多年轻人理想当中的那么好，但是也不至于像很多人埋怨中的那样糟，它是切切实实存在着，发展着。现实当中有很多不如意，很多不完美，可是它也有很多光明和美好的一面。

如果我们能够在二十几岁的时候就及时地看清楚社会本来的样子，就会知道其实生活并不残酷，不过是我们曾经对它幻想太多。我们不需要太理想化，也不需要太灰心沮丧，而是应该学会以一个理智的态度去面对生活，尽量去接受生活当中的不如意和不完美，让自己尽力去适应社会，尽快进入生活的角色，进入本该属于自己的轨道。这样会让很多人少走弯路，少去很多不必要的消耗。

很多人都知道，适者生存。人必须要适应环境，而不是等着环境去适应你。每个人对于整个社会来说，都只是一粒尘埃，渺小脆弱，要一下子扭转整个环境，让它符合自己的理想是不可能的。你必须要让自己积极去适应。

美洲鹰生活在加利福尼亚半岛上，由于美洲鹰的价钱不菲，加上当地人的大量捕杀，以及工业文明对生态环境的破坏，美洲鹰终于绝迹了。

可是，近年来，一名美国科学家、美洲鹰的研究者阿·史蒂文，竟在南美安第斯山脉的一个岩洞里发现了美洲鹰。这一惊人的发现让全世界的生物科学家对美洲鹰的未来又有了新的希望。

一只成年的美洲鹰的两翼自然展开后长达三米，体重达 20 公斤，由于加利福尼亚半岛上的食物充足，将美洲鹰养成了这样一种巨鸟，它锋利的爪子可以抓住一只小海豹飞上天空。

可令人奇怪的是，就是这样一种驰骋在海洋上空的庞然大物，竟然能生活在南美安第斯山脉的狭小而拥挤的岩洞里。

阿·史蒂文在对岩洞的考察时发现，那里布满了奇形怪状的岩石，岩石与岩石之间的空隙仅 0.5 英尺宽，有的甚至更窄。有些岩石像刀片一样锋利，别说是这么大的庞然大物，就是一般的鸟类也难以穿越，那么，美洲鹰究竟是怎样穿越这些小洞的呢？为了揭开谜底，生物学家阿·史蒂文利用现代科技手段在岩洞中捕捉到了一只美洲鹰。

生物学家阿·史蒂文用许多树枝将鹰围在中间，然后用铁蒺藜做成一个直径 0.5 英尺的小洞让它飞出来。美洲鹰的速度惊人无比，生物学家阿·史蒂文只能从录像的慢镜头上仔细观看，结果发现它在钻出小洞时，双翅紧紧地贴在肚皮上，双脚直直地伸到尾部，与同样伸直的头部成一直线，看上去就像一截细小而柔软的面条。它是用以柔克刚的方式轻松地穿越了蒺藜洞。

显然，在长期的岩洞生活中，它们练就了能够缩小自己身体的本领。在研究中，生物学家阿·史蒂文还进一步发现，每只美洲鹰的身上都结满了大小不等的痂，那些痂也跟岩石一般硬。可见，美洲鹰在学习穿越岩洞时也受过很多伤，在一次又一次的疼痛中，它们终于锻炼出了这套特殊本领。为了生存，美洲鹰只能将身体缩小，来适应狭窄而恶劣的环境，不然就很难得到生存！千百年来，动物

和人类一样都在为生存而战。

美洲鹰尚且为了自己的生存而如此努力地去适应环境，更何况于我们人类呢？

有句话说得好："接受你不能接受的，适应你不能改变的。"只有先适应了环境，才能谈得到去改变环境。这个社会本来就是这样，你必须首先学会接受它，然后才谈得上去改变它。如果你无法改变现实，但是又始终不能抛却原来对生活的种种幻想，对现实感到厌恶和失望，融不到社会环境当中去，那么就决定你必然会到处碰壁，会被碰得遍体鳞伤。如果你始终无法从幻想和理想当中觉醒，那么你就无法进入生活，这样的人会逐步由厌恶转向敌对，你会和生活乃至社会作对。但是这种抵抗没有任何作用，反而会让你承受更多的后果。回头你会发现，你不仅没有达到自己预期的目的，反而在和现实抗争的时候浪费了自己太多的精力和时间，真是得不偿失。

生命是有限的，我们不可能把生命完全浪费在寻找适合自己的环境的过程中。而把生命浪费在和环境的无畏抗争中，更不可取，它会让你活得很累，让你失去了享受生活的心情，让你终日生活在痛苦和不安中，对你的健康和人生发展是一大损害。

所以，年轻人如果想早一些获得自己理想中的地位，就不要对环境有过多抱怨。

很多年轻人也认为，并不是不想适应，而是环境实在太糟糕了，让自己无法接受和适应。很多人会因此痛苦，觉得自己陷入了困境。

其实，这也只是我们的一个误区。是我们首先给自己设了限。人的适应能力是很强的。很多东西我们之所以认为自己不能接受，是因为它和我们以往的经验和想象差距太大。可是，如果你适应的时候,你就会逐步发现,其实那也没有那么难,你会逐步地习惯,最后接受。这样你就和周围的人与环境相处融洽了。

厌恶并非天生和绝对,而是因为缺乏熟悉和亲切感导致的。我们都会有这样的经验,有的音乐,刚听起来觉得不怎么样,乏味枯燥,但是如果反复听上几遍之后,你会觉得不再那么难听了;有的电影,我们看第一遍觉得荒谬可笑,可是如果耐心地看上几遍,你会发现其实其中有很多东西很有意思,你就会接受甚至喜欢上这部电影。其实尝试去接受自己不能接受的东西,或许我们会有很多意外的发现,能丰富我们的生活。

人和人也是如此。你第一次见到一个人,或许觉得他面目狰狞,不想跟他待在一起。可是,如果相处久了,你会发现这个人也有他可爱的一面。

环境更是如此,如果你刚到一个环境里,觉得这也不如意,那也不如意,有很多困惑,让你不想再待下去。可是如果你待几个月,你会觉得一切熟悉了,也没什么大不了了。

其实,所谓的适应不适应,喜欢不喜欢,只是自己内心的一个自我设限,突破了这个设限,你会发现其实你原来的认识并不客观和准确。

不过我们在这里并不是要求你要无原则地去接受和适应。对于一些道德和法律的原则是一定要坚守的。如果是一个罪恶和黑暗的环境,那么我们当然不能去接受,更不能去适应。

但是如果你能尽早地适应社会,接受现实生活的样子,那么等到你积蓄到一定力量的时候,你就可以改变社会。实现你的目标。

正视金钱和地位的正面作用

如果一个人没有钱，没有地位，那么在这个世界上可以说是寸步难行。很多刚从学校毕业的年轻人，对金钱和地位存在一些偏见和认识不足，往往把金钱和地位和某些黑暗和罪恶联系在一起，认为"金钱乃万恶之源"，否认金钱和地位的正面因素和积极力量，反而认为贫穷和平庸就是高尚和光荣。一些年轻人认为提钱和地位就显得太俗，显得自己太功利，所以不好意思肯定金钱和地位。一些年轻人甚至还抱有柏拉图式的幻想，把追求精神放在第一位，对关乎生存的实际的东西不屑一顾，满不在乎……这些态度都是不可取的，是一种误解。

我们说，虽然金钱和地位背后也有一些不光彩的东西，比如罪恶和腐败，但是金钱和地位本身没有错误，只是有些人在得到它们的时候运用了一些不光彩的手段。但是只要我们追求金钱和地位的手段是正当的，是在道德和法律允许的范围内，就并不是不可以追求它们。

试想，如果大家都在贫困、物质缺乏、没有尊严的环境当中生存，有几个人愿意？金钱和地位能让人们生活得富足、安乐，有保障，有尊严。

一个社会尚且以文明和富足作为自己的发展方向，一个人适度追求金钱和地位没有什么过错。物质财富丰富了，社会发展了，人们的各种需要才能得到满足，人才能享受到平安和幸福，这正符合社会道德的发展方向。

一个二十几岁的年轻人，应该及早地认清现实，客观正确地看待金钱和地位，树立正确的价值观和人生观，确立符合实际的人生理想，可以让我们在年轻的时候少走很多弯路，尽快达到自己的理想，尽早得到人生的幸福。

法国富翁巴拉昂，在成为富翁之前是一位非常贫穷的年轻人，后来一次偶然的机会，他开始装饰肖像画，在不到十年的时间中迅速发家致富，居于法国五十大富翁之首，同时他也是一位非常年轻的媒体大亨。然而上天弄人，他不幸患上了前列腺癌，在临终之前，他在遗书中写道：

"我曾经是一位穷人。现在将以一个富人的身份离开人世，我并不想把自己成为富翁的秘诀并入天堂，在跨入天堂的门槛之前，我已经把这个问题的答案放进了我个人的保险箱里，并留下一百万作为揭开这一谜底的奖金，若谁能够猜出我成为富翁的谜底，他就有权利拿走我保险柜中的一百万法郎，虽然我无法面对面地给他鼓励和称赞，但在天堂的我依然会为此给予他称赞与掌声。"

巴拉昂的遗书被刊登在报纸上之后，有四万多人投寄了自己的答案，有一些人认为穷人最缺少的是金钱，如果穷人拥有足够的金钱，他们也会变成富人；也有一些人认为，穷人最缺少的是机会，如果他们有了致富的机会就可以变成富人；另外还有一些人认为穷人缺少的是知识，他们之所以贫穷是因为没有足够的钱学习，如果他们拥有一技之长，同样可以成为富人。所有的答案应有尽有，各

不相同。

在巴拉昂逝世周年纪念日时，他的律师在公证部门的监督下打开了银行内的那个保险箱。并向众人公开了他致富的秘诀。在所有的来信中，只有一位名叫蒂勒的九岁女孩，猜出了正确的答案，她的答案是："穷人最缺少的是野心。"

在颁奖之时，很多好奇的成年人都问蒂勒，在回答的答案时你为什么会想到是野心，而不是其他别的答案？蒂勒单纯地说：我有一个姐姐，她每次把她的男朋友带回家时，总是警告我不要对她的男朋友产生野心，所以我在想，拥有野心可以使人得到自己想要的东西。

一个人在二十几岁的时候可以吃苦，可以拮据，住地下室，吃两三块钱一包的泡面当午餐，这在人们眼里都是正常的。但是如果到三四十岁你还在地下室，吃着两三块钱一包的泡面午餐，是不是证明你太失败了呢？

美国"钢铁大王"卡内基先生曾经说过："贫穷是无能的表现。"此话也许显得有些绝对，但现实生活就是如此。如今社会分工日益增大，经济联系越来越密切，没有金钱，你无疑将会陷入困境。尤其是伴随着年龄的增长，你要面对着结婚生子，赡养父母、抚养后代的重任，这每一项内容都需要金钱做保障。试想，没有金钱，你的生活将会怎样？

所以，不要觉得金钱和地位不重要，相反，它们很重要，可以支撑起你的整个人生。

事实上，通过自己的不懈努力去获得金钱和地位，是每个人在年轻时期应该有的精神。这种精神能够调动人们的一切智慧和能力，奋发图强，孜孜不倦，克服挫折和困难，去得到自己想要的东西，这也是年轻人所应该具有的魄力。

每个人都会希望自己能在三四十岁的时候拥有一定的物质基础，一定的地位，工作得心应手，不要被人看不起，家庭安乐，亲人朋友健康，这才是正常而幸福的生活。

足够的金钱可以让你享受到安乐和幸福，助你有和谐美满的家庭。如果这些都是你人生想要的东西，那么你就必须及早地纠正自己对金钱和地位的错误观念，从现在开始，谨慎地对待每一次获得金钱和地位的机会，通过自己的勤奋和努力，去获得自己想要的东西。

当然，我们并不是倡导人们去做"守财奴"，崇尚"拜金主义"，获取财富当然要靠正当的方式和手段，通过自己的智慧和努力去获得，而不是不择手段，没有原则。

所谓"穷则独善其身，达则兼济天下"，有了金钱和地位，我们才能更有能力去帮助别人，才有能力去改变现实，去实现自己的理想。所以说，从现在开始，看到金钱和地位的正面作用，开始人生的第一步积累吧！

倾听内心，知道自己真正想要什么

说起定位，如今大部分人的回答应该都是一份体面的工作，一份高额的收入。但是很少有人去想自己真正想要什么，自己最想过

什么样的生活。

知道自己想要什么，知道自己内心深处的需求，对于自己的定位也至关重要。因为只有你需要才有动力，你只有真正对一件事情感兴趣你才能够全力以赴，从而才能够真正地将它做好，获得成功。

著名的成功学家卡内基曾经说过："对成功的欲望是成功的最大动力。"我们都希望获得成功，但是如果我们没有找到最初的欲望，没有找到成功的动力，那么我们是很难成功的。

一份体面的工作，一份稳定的收入，这些看上去的确很好，可是如果你内心不快乐的话，这些都没有什么实际意义。因为你会对自己的这种生活厌恶，你会感到自己在饱受煎熬和折磨。更谈不上去实现自己的理想，也谈不上成功。

一位中国的留学生，在纽约华尔街附近的一间餐馆打工。一天，他雄心勃勃地对着餐馆大厨说："你等着看吧，我总有一天会打进华尔街的。"

大厨好奇地问道："年轻人，你毕业后有什么打算呢？"很流利地回答："我学业一完成，最好马上进入一流的跨国企业工作，不但收入丰厚，而且前途无量。"

大厨摇摇头说："我不是问你的前途，我是问你将来的工作兴趣。"

一时无语。显然他不懂大厨的意思。大厨却长叹道："经济继续低迷下去，餐馆不景气，那我就只好去做银行了。"惊得目瞪口呆，几乎疑心自己的耳朵出了毛病，眼前这个一身油味的厨子，怎么会跟银行家沾得上边呢？

大厨对呆鹅般的解释："我以前就在华尔街的一家银行上班，天天披星戴月，早出晚归，没有半点自己的业余生活。我一直都很喜爱烹饪，家人也都很赞赏我的厨艺，每次看到他们津津有味地品尝我烧的菜，我就高兴得心花怒放。有一天，我在写字楼里忙到凌晨一点钟才结束了例行公务，当我啃着令人生厌的汉堡包充饥时，我下定决心要辞职，摆脱这种工作机器般的刻板生活，选择我热爱的烹饪为职业，现在我得比以前要愉快百倍。"

一个普普通通的大厨，竟然曾经是赫赫有名的华尔街银行家。这的确有点匪夷所思。可是，如果从他自己的价值角度看，他已经获得了他想要的，所以他很满足。但是他是经历了一番波折后，才发现了自己想要的生活。

每个人的人生是自己的，我们没有必要为了别人的评价和赞许而去过让别人看上去很好的生活。这样是愚蠢的。

每个人内心的期望都不同，想要的东西也不同。或许一些人看来视若珍宝的东西，一些人看来分文不值。我们为自己定位，就是要寻找自己向往的东西，过自己想要的生活。否则，生命对自己来说就失去了意义。

定位，是要建立在现实的基础上，但是也要考虑自己的内心需要。钱固然很好，很重要，可是内心的舒适和满足是我们最终要达到的目的。

很多年轻人受到现代资讯的影响，很容易被外界的价值观所引导，把社会普遍的价值观当成是自己的，把别人的目标当做自己的目标。而很少有人真正从自己的角度出发，去倾听自己内心真正的声音，去满足自己的需要。

我们在二十几岁的时候，往往容易犯这样的错误，容易把自己

定位成社会推崇的角色。但是经历过才发现，原来那种生活并不适合自己，回过头来再想改变，或许就有点太晚了。

如果我们能够在最初定位的时候就能考虑自己的需要，找到适合自己发挥的舞台，并且向着目标为之努力，那么我们就能节省许多时间，省去一番周折。

瑞典谢莱夫特奥市有一名叫库特·德格曼的流浪汉，一年半前，德格曼突发心脏病离世，亲戚们震惊地发现他竟留下了至少110万英镑的遗产！

在过去40年中，当地人经常看到德格曼骑着一辆破自行车在当地大街上穿梭，在街头的垃圾箱中搜寻易拉罐卖钱，因此人们送他一个"罐头库特"的绰号。在当地人眼中，德格曼是一个古怪的人。因为尽管他是一个食不果腹的流浪汉，但平时却到公共图书馆中去看报纸，并且最喜欢看金融类日报。一个流浪汉爱看金融报纸，许多人都感觉很滑稽。邻居们做梦都不会想到，形同乞丐的德格曼竟是一个不为人知的"投资专家"和"炒股奇才"，他将自己平时卖废品的微薄收入用来投资股票，聚下了巨额财产！

德格曼引起了无数人的惊叹，所有人都不理解德格曼到底是个怎样的人，明明是个流浪汉，却具有超凡的金融天赋，明明有百万英镑的财产，却过着食不果腹、困苦的生活。也许，我们都不必奇怪，德格曼只是有两个爱好：流浪和炒股！这是他喜欢的生活方式，在他看来，捡垃圾、吃剩菜剩饭并不悲惨，而是很享受的，如同看金融报纸一样；而炒股也不是为了赚钱，为了"锦衣玉食"，完全出于爱好，仅此而已。每个人都可以根据自己的爱好选择自己喜欢的生活方式。库特·德格曼之所以引起了人们的关注，只不过是他的这两个爱好在常人看来是极端和矛盾的。

请不要怜悯德格曼的悲惨生活，更不要说他不知享受，不懂生活。德格曼生活得很快乐，他完全按着自己的两个爱好，自在地流浪和炒股，没有任何世俗的牵绊和困扰，还有谁活得如此洒脱？

每个人都有选择自己生活的权利。不一定每个人都要做比尔·盖茨，李嘉诚，只要每个人找到适合自己的生活方式，并且按照自己的心愿生活下去，不伤害别人，那么他就是成功的。

我们在给自己定位的时候，不要总是按照别人的标准去审视自己，那样走的也是符合别人愿望的路。而你自己一点也不快乐。

我们在年轻的时候就要了解自己，如果自己真的想要财富和地位，那就去争取，但是如果你真的觉得做一个普通人很舒服，那就去做吧。

不怕被人看低，就怕被人看高

很多年轻人在走上社会之后，经常感叹：在办公室没有地位，在公司没人器重，很难有一番作为。这样的人经常有一种怀才不遇，生不逢时的哀怨。但是殊不知其实这种状况才是成才有利的环境。对于一个刚工作的人来说，宁可被别人看低，不可被别人看高。

古人有句话说得好："巧者劳，智者忧，无谓者无所求。"起初被人看低的人，不会背负太多的压力，他负责的事情也相对少。等到能力逐步增长，适应能力提高了，再去获得别人的尊重，就更容

易一些。

如果被人看低了，你还有施展才华的空间和机会，每次做出一些成就，别人就对你刮目相看，对你大加赞赏，这样你会晋升得很快；但是如果被人看高了，一下子就会接受繁重的工作，而且你做好了，别人会觉得是你应该的，很正常；但是你做不好，就会让别人对你一次又一次失望，甚至可能连工作都保不住了。

李明是某著名大学毕业工程设计的博士生，经过自己多年的苦学，终于毕业，到社会上寻找工作。他自认为自身条件不错，而且在大学的时候也很优秀，于是他把自己定位成一些大型房地产企业的管理层。但是当时经济状况不景气，工作难找，而且很多企业都要求有工作经验的，李明一再地遇到闭门羹。即使他自己一再地降低了条件，可是用人单位一看他的学历都表示不敢用他。经过多次求职失败之后，李明发现很多大型企业都在招聘普通的文员，而且要求不高，本科毕业就行。他急于寻找一份工作，于是，就更改了自己的学历，改成了本科，之后拿着自己的简历去求职。结果，很快他就被招聘为一家房地产公司的普通文员。没有人知道他会设计，而且还是博士生，他自己也从来不孤高自傲，而是每天勤勤恳恳地工作，在工作之余继续做一些自己感兴趣的设计。

终于有一天，公司在一个工程设计当中出现了难题，号召全公司的人献计献策。李明看到机会到了，于是就拿着自己设计的方案交了上去。很快，公司的设计部就将这个方案付诸实施，解决了难题，为公司挽回了数百万元的损失。负责设计的主管没想到在公司的基层还有这样出类拔萃的人才，感到很吃惊，于是问他以前是学什么专业的，这个时候李明不慌不忙地拿出了自己的工程设计硕士的文凭，主管立刻感到将遇良才，险些把一个好人才埋没了，于是经过和高层协商，将他调到了设计部，成了公司的一名设计师。这个博士生更加努力工作，对公司的很多方案都进行了分析，提出了自己的改良意见，获得了设计部主管的赏识和好评。一次，公司职位调动，设计部主管就向公司高层推荐了李明，希望他成为公司的高层之一。可是，高层竞聘学历很重要。这个时候，李明拿出了自己的博士文凭，证明自己并不比那个高层的学历低。全公司的人愕然，没想到一个博士生竟然愿意从一个小文员做起，而且默默无闻做了这么久。人们对他的行为感到由衷的敬佩。于是，李明顺利地成为了公司高层之一，从一个小文员转变成了一个管理者，实现了自己当初的抱负。

如果李明从一开始就拿出自己的博士文凭，那么他很可能仍然会被拒绝，也就失去了后来的各种机会。如果他刚开始自命清高，不愿意从底层做起，那么他就不可能被人发现，被人器重。

人有抱负是好事，只想一鸣惊人的想法却要不得。生活中那些自命清高，不屑从底层做起的人，永远都无法完成自己的原始积累。等到忽然有一天，他看见比自己起步晚的、比自己天资差的，都已经有了可观的收获，他才惊觉自己在这片园地上还是一无所有。这时他才明白，不是上天没有给他理想或志愿，而是他一心只等待丰收，可是忘了播种。

你刚刚二十出头，还是默默无闻和不被人重视的时候，不妨试着暂时降低一下自己的物质目标、经济利益或事业野心，脚踏实地，做好一个普通人的普通事，这样你的视野将更广阔，或许你会发现许多意想不到的机会。

你如果想在社会上走出一条路来，那么就要放下清高，也就是：

放下你的学历、放下你的家庭背景、放下你的身份，让自己回归到"普通人"中，走你认为值得走的路。人不怕被别人看低，怕的恰恰是人家把你看高了。看低了，你可以寻找机会全面展示自己的才华，让别人一次又一次地对你"刮目相看"；而看高了，你就很难再有周旋的余地，甚至还会让别人一次又一次地对你感到失望。

空想是没有多大价值的，世界上绝对没有不劳而获的事情，成功的人无一不是按部就班、脚踏实地努力的结果。试看许多成功的人，他们也都是从基层开始，从那些平凡的工作当中积累，最后取得辉煌的成就的。

众所周知，当今华人界的富豪李嘉诚，坐拥香港1/3以上的房地产企业，总资产超过百亿。但是李嘉诚的成功并不是一日造就的，也是经过了辛苦的积累。最初的李嘉诚，是从一个饭馆的小伙计出身的。李嘉诚14岁父亲就去世，弟妹都还年幼，一家人的生活重担就落在了他的肩上。他不得不辍学，经人介绍到一个茶餐厅去当伙计。当伙计的工作很辛苦，每天跑来跑去，端茶送水。李嘉诚做得十分卖力，而且经常不忘向来往的客人学习。

一次，一个来吃饭的客人看到李嘉诚在客人不多的时候拿着一本书看，觉得这个年轻人很有上进心，就介绍他到一个贸易行去做事。虽然仍然是一个普通文员，但是比餐厅的小伙计强多了。李嘉诚更加勤奋工作。他在工作之余，发现商贸行来往的都是外国人，感觉自己如果不学外语，在公司就没有发展。李嘉诚开始自学外语，而且拜一个经常往来的商户为师。经过苦学，李嘉诚终于可以用外语作简单的交流，并且能看懂英文的报刊了。

一次偶然的机会，他看到一张外文报刊上有一种经营塑胶花的项目，他觉得这种塑胶花可以替代香港人放在家里和阳台上的新鲜花卉。于是，经过一番考察，他用自己的积蓄投资了这个项目。果然，这种塑胶花在香港很受欢迎，李嘉诚捞到了第一桶金。而且他在外语方面的造诣让他获得了与外国人交流和贸易的机会。后来，李嘉诚又投资房地产业，经过多年的打拼，终于成了香港首屈一指的富豪。

可以想象，如果李嘉诚没有从一个小伙计做起，就不可能遇到他后来的那些贵人，也不可能有今天的成就。所以说，任何非凡的成就都是从那些平凡的工作开始的，不要小看了你目前的平凡工作，它很有可能就会造就你成为下一个伟人。只要你孜孜不倦，努力提高自己，好的机会最终会来到你的面前。

如果你想成就一番伟业，在你确立远大的目标之后，静下心来，认认真真、脚踏实地地开始你的行程吧！在通往成功的路上，你不要梦想一步登天，如果基础不扎实，那么你的成功恰如"空中楼阁"摇摇欲坠。所以，真正聪明者，请一步一个脚印地走好！

有些二十几岁的年轻人，自认为才高八斗、学富五车，是从一流学府走出来的天之骄子，无论是找工作还是做其他事，总放不下清高的架子。他们完全没有意识到，现实需要脚踏实地，来不得半点投机取巧。在激烈的竞争面前，他们才会品尝到自酿的苦酒。好高骛远的人，不肯脚踏实地地从小事做起，结果只能是离目标越来越远。上帝对任何人都是公平的，当你感慨人生之路坎坷难行时，还是仔细想一下自己有什么过失吧。"千里之行，始于足下；九层之台，起于垒土。"我们无论做什么事情，都是由点点滴滴的经验，点点滴滴的努力，汇集而成。所以真正懂得成功内涵的人，都是脚踏实地的人，都不会放弃这种积累的过程。

准确定位，以己之长攻人之短

所谓"尺有所短，寸有所长"，每个人都有各自擅长和不擅长的事情。我们在为自己作定位的时候，就要了解自己，尽量避开自己的弱点和不擅长的事情，去做自己擅长的事情，那样更有可能做出成绩，获得成功。

我们看很多成功者，莫不是在自己的优势和长处上深入发展，最后取得成就。试想，如果去让迈克尔·乔丹经商或者让比尔·盖茨去写小说，或许他们永远都不可能出名，也就没有了后来的乔丹和比尔·盖茨……每个人只有在他擅长的事情上，才能做得好，做得出色。

成功学家拿破仑·希尔曾经说过："一个优点发挥到极致，就能掩盖所有的缺点。"如果一个人能够发现自己的优点并且把它发挥到最大，那么人们就会只看到他的优点，而忽略了他的缺点，这个人也更容易获得成功。

每个人身上的特点都不同，擅长的事情也各不相同。但是无论是什么优点，只要是比别人擅长的地方，都可以将之发挥，让它变成自己成功的起点和今后发展的事业。

时下中国最畅销的志怪类小说《盗墓笔记》，两年销量达到200万册，每年都排在畅销书前列，作者"南派三叔"更是名利双收，年收入过百万，网页点击量每天都超过百万……但是，这个八零后的作家谈到自己的成功时，说自己从来没有想到过自己有一天可以通过写各种鬼怪故事而赚钱，更没有想到过他"讲故事"竟然会吸引如此多人的兴趣和追捧。而事实上，他只是喜欢和擅长讲故事。

"南派三叔"，原名徐磊，从小出生和生长在浙江杭州，小时候和姥姥生活在一起。他最大的兴趣，就是每天晚上听姥姥讲各种祖辈流传下来的鬼怪故事、盗墓故事。这些故事曲折离奇，深刻地记在他心里。虽然有时候很害怕，但是还是无法抑制他喜欢听故事的爱好。故事听得多了，他就开始给邻居小朋友和小伙伴讲，听得大家都津津有味，甚至连吃饭都忘记了。就这样，他成了小有名气的故事大王，每次遇到一些同学，都缠着他讲故事。搜集故事和讲故事，成了徐磊生活当中最重要和最值得骄傲的事情。但是老师却并不怎么看好他。经常看到徐磊在上课前给同学们讲故事而忽略了上课铃声的时候，老师竟然说徐磊"这辈子没有什么大出息"，但是徐磊没有被老师的话所影响，继续自己的爱好。上大学时，徐磊开始想到在自己的网络贴吧里"讲故事"，他把小时候姥姥的故事作为提纲，加入了自己的想象，结果发表之后，一发不可收拾，每次都有读者追问"下一章什么时候出"，出版社的编辑也找到他，出版他的书。从此，徐磊就开始了他人生的转折，一步步走上成功之路。

没有想到，"讲故事"也能造就奇迹。徐磊的成功就证明了每一个优点都是有用的，只要你善于发现它并且运用它，你也一样在你的专长上有所发展，有所收获。

有些年轻人，说到发挥自己的特长时，总是觉得自己没什么擅长之处，更不可能获得成就。其实，这是对自身认识不足造成的。如果你细心观察，你就会发现你不可能没有一点长处，只是你没有

在意罢了。比如有的人虽然功课不好，但是擅长做家务，有的人思维迟缓，但是他的想象力丰富……这些都可以拿来作为你的长处，作为人生发展的方向。

在对自己作定位之前，你首先要对自己有个全面的了解，一定要知道自己最擅长什么，才能在这条路上取得成功。世界知名的管理大师彼得·德鲁克曾经说："对于一个企业而言，首先要知道自己的优势在哪里，对于一个人来说也是如此。"

一个人竭尽全力去做一件事而没有成功，并不意味着他做任何事情都无法成功。要是他选择了不适合自己性格的职业，这就注定难以成功。莫里哀和伏尔泰都是失败的律师，但前者成了杰出的文学家，而后者成了伟大的启蒙思想家。

世界上有半数的人从事着与自己的天性格格不入的职业，因此失败的例子数不胜数。在职业生涯的选择方面，要扬长避短。西德尼·史密斯说："不管你擅长什么，都要顺其自然；永远不要丢开自己天赋的优势和才能。"

只有当一个人选择了适合他的工作，找到了适合他的位置时，他才有可能获得成功。就像一个火车头一样，它只有在铁轨上才是强大的，一旦脱离轨道，它就寸步难行。

我们都知道电报是一个叫摩斯的人发明的。这项发明带来了人类通讯方式的变革。但是很多人不知道摩斯在发明电报之前也曾经走了很多的弯路。

其实，小时候摩斯一直想成为一名艺术家，在他 16～19 岁的几年间，他的父亲根本反对他这样的人生规划，但不论父亲怎样地反对和阻止，他仍坚持自己的方向毫不动摇。在他 20 岁那年，父亲不得不答应送他到伦敦去学艺术。然而,皇家艺术学院却认为摩斯的作品还不够资格,否决了他的入学申请。但是这并没有打消他的念头,他在伦敦安顿了下来,一面过着非常节俭的生活,一面在绘画上下工夫。由于他的辛勤付出,两年后,终于得到皇家艺术学院的入学许可。

摩斯发挥了他的艺术天分,他的泥塑作品参加比赛获得金奖,画作被选入知名画展。两年后,他信心十足地回到美国准备在那里继续他的艺术生涯,然而因为他的画风格趋向于欧洲风格,太专注于浪漫主义的表现,这在凡事讲求实际的美国,很不受欢迎。

摩斯不得不画起了他一向轻视的肖像画,浪迹于纽约、南卡罗来纳州与新英格兰地区,十年的时间,他一直不得志。

1837 年,美国政府委托画家以历史画作装饰国会大厅。国会成立了一个委员会。准备挑选四位艺术家进行这项重要的工作,摩斯非常希望自己能成为其中一员,然而却没有实现这个愿望。经过这次失败,他决定放弃艺术,开始追求另一种人生。

摩斯想起几年前到欧洲旅行回来时,在船上和几个朋友谈到人们新发现的电磁现象,这意味着信息可以借助电流传递到很远的地方,而且几乎在同一时间就被接收到。"电报"一直在摩斯的脑海里回旋着。

就这样,对艺术失去信心的摩斯开始致力于"电报"的研究。他摸索着,实验着,在历经无数次的失败之后,终于在 1843 年获得美国国会的资助,发明了"电报",为人类通信技术的进步作出了贡献。

摩斯的经历说明,有时候你认为的优势并不是你的真正的优势,

很多年轻人并不考虑这些因素,在为自己定位的时候,总是刻意地去模仿别人,看到别人做什么成功就去做什么。看到别人做的时候似乎很轻松,但是等到自己做的时候却发现困难重重。这种不

结合自己实际的做法最终的结果是害人害己。比如有的人，看到做网络赚钱，于是就不假思索地去做网络，有的人看别人做演员风光，就想去做演员。但是这样为自己定位，结果必然是被现实所淘汰，即使你勉强做出一些成绩，很快也会被那些具有天赋的人所超越。

所以说，年轻人为自己定位的时候，一定要看到自己的优势和特点所在。充分地去挖掘，找到适合自己发挥的舞台。

如果你用心去观察那些卓越的人士，就会发现，他们几乎都有一个共同的特征：不论聪明才智高低与否，也不论他们从事哪一种行业、担任何种职务，他们都在做自己最擅长的事。

很多人往往一时很难弄清楚自己的优势所在，这就需要你在实践中善于发现自己、认识自己，不断地了解自己能干什么，不能干什么，如此才能取己所长、避己所短，进而取得成功。

富兰克林说："有事可做的人就有了自己的产业，而只有从事天性擅长的职业，才会给他带来利益和荣誉。"一个人做自己最擅长的事，是获取成功的一大法则。只有做自己最擅长的事，才能在芸芸众生中脱颖而出。

认识自己，才能够驾驭人生

一个人能否成功，在某种程度上取决于自己对自己的评价，这种评价有一个通俗的名词——定位。在心中你给自己的定位是什么，你就是什么，因为定位能决定人生，定位能改变一个人的命运。

你在二十几岁的时候给自己一个定位，那么到三十几岁的时候你或许已经达到了自己的目标，或者已经在路上。和很多整天不知道自己能做什么，浑浑噩噩混日子的人相比，你已经比别人快了一步。

只要你相信自己，努力前进，那么你的定位就不仅仅是梦想，迟早有一天会实现。

为了使自己充分发展，进行全面准确的定位是至关重要的，记住：在很大程度上，你可以掌握自己的命运，决定自己的价值！从前有一座山，山上有个大法师。一天，一个小和尚跑过来，说："师父，你说像我这样的人有什么价值呢？"大法师说："你到后花园搬一块大石头，拿到菜市场上去卖，无论那个人出价多少，你都不要卖。"

第二天一大早，小和尚抱了一块大石头，乐呵呵地跑到山下菜市场上去卖。菜市场上人来人往，熙熙攘攘，没一会儿，一个家庭主妇走了过来，问："这石头多少钱卖呀？"小和尚伸出了两个指头，那个家庭主妇说："2元钱？"和尚摇摇头，家庭主妇说："那么是20元？好吧，好吧！我刚好拿回去压酸菜。"小和尚听到暗自高兴："一文不值的普通石头居然有人出20元钱来买！我们山上有的是呢！"但是小和尚遵照师父的嘱托没有卖，乐呵呵地抱回山上，对师父说："师父，今天有一个人愿意出20元钱买我的石头。"大法师说："你明天一早，再把这块石头拿到博物馆去，假如有人问价，不管他出价多少，你还是不要卖。"第二天早上，小和尚又抱着这块大石头，来到了博物馆。在博物馆里，一群好奇的人围观，窃窃私语："一块普通的石头，有什么特别之处呢？""既然这块石头摆在博物馆里，那一定有它的价值。"逐步地，人们真的把这块石头当成了宝贝。这时，有一个人从人群中窜出来，冲着小和尚大声说：

"小和尚，你这块石头多少钱啊？"小和尚没出声，伸出两个指头，那个人说："20元？"小和尚摇了摇头，那个人说："200元卖给我吧，刚好我要用它雕刻一尊神像。"小和尚听到这里，非常惊讶！但是他依然没有卖，遵照师父的嘱托，把这块石头抱回了山上，说："师父，今天有人要出200元买我这块石头。"大法师哈哈大笑说："你明天再把这块石头拿到古董店去卖，照例有人还价，你就把它抱回来。"第三天一早，小和尚又抱着那块大石头来到了古董店，依然有一些人围观，有一些人谈论："这是什么石头啊？在哪儿出土的呢？是哪个朝代的呀？是做什么用的呢？"傍晚的时候，终于有一个人过来问价："小和尚，你这块石头多少钱卖啊？"小和尚依然不声不语，伸出了两个指头。"200元？"小和尚睁大眼睛，张大嘴巴，惊讶地大叫一声："啊？"那位客人以为自己出价太低，气坏了小和尚，立刻纠正说："不！不！不！我说错了，我是要给你2,000元！""2,000元！"小和尚听到这里，立刻抱起石头，飞奔回山上去见师父，气喘吁吁地说："师父，师父，这下我们可发达了，今天的施主出价2,000元买我们的石头！"大法师摸摸小和尚的头，慈爱地说："孩子啊，你人生最大的价值就好像这块石头，如果你把自己摆在菜市场上，你就只值20元钱；如果你把自己摆在博物馆里，你就可值200元；如果你把自己摆在古董店里，你却价值2000元！你人生的价值是无价的，你只要把它放在合适的位置，这就是你人生最大的价值！"

一块普通的石头，放在不同的地方就产生了不同的价值。我们每个人也是如此，不要认为自己毫无价值，而是要及时地认识自己，给自己一个准确的定位，自己确定自己的价值。你向着你自己的方向去发展，你就会成为你想成为的那种人。

在二十几岁的时候，人们如果能够给自己的未来制定一个符合自己的发展方向，并且沿着这个正确的方向坚定不移地走下去，那么到三十岁，你就完全可以拥有自己成功的事业和独立的地位，你会获得你人生的第一笔积累，把握住你人生的方向盘，从此可以驾驭你自己的人生。

早在20世纪80年代，海尔集团总裁张瑞敏，就立志创建世界一流的企业，打造世界一流的品牌，制造出最优质的冰箱。在那个产品供不应求的年代，要凭票才能买到冰箱，张瑞敏居然有如此长远的眼光，毅然决定：抓生产的同时，更重要的是抓培训，一定要提升员工素质，制造世界一流品质的冰箱。要创建中国人自己的世界名牌，定位是如此之高。而今天，海尔代表中国的民族企业，真的走出了国门，成为全球知名企业，而冰箱的品质也赶超了站在技术前沿的德国冰箱。

但是定位也不得不考虑实际。只有在客观真实的前提下作出的定位，才是真正有利于自己发展的，也才是成功的定位。

成功的定位并不一定要多么宏伟，而是要切合实际。只有适合自己的才是最好的。比如你目前刚大学毕业，那么你在三十岁之前的定位是拥有一间自己的公司，自己做老板。这样的定位是比较容易实现的。可是如果你一开始就定位自己在三十岁之前就成为比尔·盖茨、李嘉诚那样的亿万富豪，显然就太空洞和不切实际。

可是反过来，如果一个人给自己定位太平庸，太简单，也不好，埋没和压抑了自己的才华。自己本来资质很不错，但是定位是只要能找到一份工作，混口饭吃。如果你到三十岁仍然只是想混口饭吃，那么你一生就很难有大的作为了。

很多人觉得自己的人生并不由自己控制，有很多外界因素的困

扰让自己不得不选择了向世俗低头，不得不在一天天的平庸当中度过。可是，其实你自己能控制你自己的命运，就看你是否能够足够了解自己，并且给自己一个准确的定位。

说起定位，一些人总是会说，像我这样，要什么没什么的人，谈什么定位？其实，每个人从刚开始都是从零起步的，只要你能给自己一个定位，定义自己的价值，你就能成功。

不怕别人看不起你，就怕你自己看不起自己。谁说你不能取得非凡的成就？除非你自己不愿取得！没有人能够给你的人生下任何的定义。你选择怎样的人生平台，将决定你拥有怎样的人生。一个人，要获得更大的发展，就要不断地为自己寻找更大、更高的平台！

所以，为自己定位，要抛却很多错误的思想，客观公正地评价自己，理智地为自己定位。我们没有必要骄傲，但是也没有必要看低自己。其实每个人的机会都是一样的。别人能够做到，你自己也能够做到，千万不要小看自己。

对自己定位太高或者定位太低，显然都不利于自身的发展，甚至还会成为自我发展道路上的阻碍。我们为自己定位，一定要建立在客观实际的基础上，综合自己各个方面的因素，去权衡，最后作出符合自己的定位。

古人说，"知人者智，自知者明"，在孙子兵法当中，也说"知己知彼，百战不殆"。每个人只有能了解自己，有自知之明，才能算得上有真正的聪明和智慧。人生的起航就像一次战役，只有你自己了解了自己和各种情况，你才能成功地驾驭起自己人生的风帆，把握人生的航向。

第二章
二十几岁不规划,三十几岁规划也来不及

目标对于一个二十几岁的年轻人来说是至关重要的,可以说,有什么样的目标,就会有什么样的人生。没有目标,就像在大海当中的航船失去了方向,终究会被汹涌的海浪所吞没。人生没有目标,通常也就失去了意义,浪费着自己的生命,到头来一事无成。有清晰且长期的目标,并且一直努力向目标迈进,才会有一个成功的人生。

人生有目标才能走得更快

　　人生就像一段旅程，只有知道目的地你才能走得更快。否则没有目标地向前走就是瞎折腾。人生需要目标，就像航船需要方向。一个具有崇高理想和远大目标的人，毫无疑问会比一个根本没有目标的人更有作为。

　　目标对于我们，就像在沙漠里行进的指南针，如果没有指南针的指引，永远找不到行进的方向，永远走不出那片沙漠。没有目标的人，也许很努力，也许天分很高，但是你走错了方向，就只能在原地打转，在错误的道路上浪费着自己的时间和才华。而所有的东西付诸流水之后，你发现你所做的都是无用功，会削弱你奋斗的意志，会让你陷入一个恶性循环，日益消沉下去，从而对人生失去了希望和憧憬。

　　人生没有目标，再多的努力都是瞎折腾，到头来是一场空。没有人希望自己的时光虚度，也没有人愿意自己过一个毫无意义的人生。要避免出现这种结果的办法只有一个，那就是从现在开始，为自己设立一个目标。

　　比赛尔是西撒哈拉沙漠中的一颗明珠，每年有数以万计的旅游者来到这儿。可是在比利·凯文发现它之前，这里还是一个封闭而落后的地方。这儿的人没有一个走出过大漠，据说不是他们不愿离开这块贫瘠的土地，而是尝试过很多次都没有走出去。

比利·凯文当然不相信这种说法。他用手语向这儿的人询问原因，结果每个人的回答都一样：从这儿无论向哪个方向走，最后都还是转回出发的地方。为了证实这种说法，他做了一次试验，从比塞尔村向北走，结果 3 天半就走了出来。

比塞尔人为什么走不出来呢？比利·凯文非常纳闷，最后他只得雇一个比塞尔人，让他带路，看看到底是为什么？他们带了半个月的水，牵了两头骆驼，比利·凯文收起指南针等现代设备，只挂一根木棍跟在后面。

10 天过去了，他们走了大约 1300 千米的路程，第 11 天的早晨，他们果然又回到了比塞尔。这一次比利·凯文终于明白了，比塞尔人之所以走不出大漠，是因为他们根本就不认识北斗星。

在一望无际的沙漠里，一个人如果凭着感觉往前走，他会走出许多大小不一的圆圈，最后的足迹十有八九是一把卷尺的形状。比塞尔村处在浩瀚的沙漠中间，方圆上千公里没有一点参照物，若不认识北斗星又没有指南针，想走出沙漠，确实是不可能的。

比利·凯文在离开比塞尔时，带了一位叫卡拉姆的青年，就是上次和他合作的人。他告诉这位汉子，只要你白天休息，夜晚朝着北面那颗星走，就能走出沙漠。卡拉姆照着去做，3 天之后果然来到了大漠的边缘。卡拉姆因此成为比塞尔的开拓者，他的铜像被竖在小城的中央。铜像的底座上刻着一行字：新生活是从选定方向开始的。

很多人就像比赛尔人一样，不是不努力，也不是没有恒心，而是没有指南针和北斗星方向的指引，因此他们总是在沙漠里盘旋，却始终没能走出沙漠。没有目标的人就如同失去方向的指引，不论

你怎么努力，不论你付出多少，始终都是徒劳。

我们在现实当中也经常有这样的经验，如果我们冲着前方一个目标跑，你就充满信心，因为你知道你总会跑到终点，达到目标。但是如果你在森林里迷了路，漫无目标地到处乱撞，将很快会因为疲劳、迷茫而失去信心。人生的道路也是如此，如果我们不能给自己设立一个目标，而只是每天到处乱撞，碰到什么做什么，今天做这个，明天再做做那个，那么无论经过多少挫折，我们都仍然在原地，没有进步，白白浪费了年轻的时光。

目标对于一个二十几岁的年轻人来说是至关重要的，可以说，有什么样的目标，就会有什么样的人生。没有目标，人生通常也就失去了意义，有清晰且长期的目标，并且一直努力向目标迈进，才会有一个成功的人生。

曾经有人问罗斯福总统夫人："尊敬的夫人，你能给那些渴求成功，特别是那些年轻、刚刚走出校门的人一些建议吗？"

总统夫人谦虚地摇摇头，但她又接着说："不过，先生，你的提问倒令我想起我年轻时的一件事：那时，我在本宁顿学院念书，想过边学习边找一份工作做，最好能在电讯业找份工作，这样我还可以修几个学分。我父亲便帮我联系，约好了去见他的一位朋友，当时任美国无线电公司董事长的是萨尔洛夫将军。"

"等我单独见到了萨尔洛夫将军时，他便直截了当地问我想找什么样的工作，具体哪一个工种。我想：他手下的公司任何工种都让我喜欢，无所谓选不选了。便对他说，随便哪份工作都行！"

"只见将军停下手中忙碌的工作，眼光注视着我，严肃地说，年轻人，世界上没有一类工作叫'随便'，成功的道路是目标铺成的！"

　　杰出人士都是循着一条不变的途径以达成功的，世界闻名的潜能激发大师——美国的安东尼·罗宾先生称这条途径为"必定成功公式"。这条公式的第一步是要知道你所追求的，也就是要有明确的目标。第二步就是要知道该怎么去做，否则你只是在做梦，应立即采取最有可能实现目标的做法。如果你仔细留意成功者的做法，就会发现他们就是遵循这些步骤去做的。一开始先有目标，否则不可能一发即中；然后采取行动，因为坐着等是不行的；接着是拥有研判能力，评估行动的反馈；然后不断修正、调整、改变他们的做法，直到有效为止。

　　聪明的人，有理想、有追求、有上进心的人，一定都有一个明确的奋斗目标，他们懂得自己活着是为了什么。因而他的所有的努力，从整体上来说都能围绕一个比较长远的目标进行，他们知道自己怎样做是正确的、有用的，否则就是做了无用功，或者浪费了时间和生命。显然，成功者总是那些有目标的人，鲜花和荣誉从来不会降临到那些没有目标的人的头上。

　　一些二十几岁的年轻人总怀着羡慕、嫉妒的心情看待那些取得成功的人，总认为他们取得成功的原因是有外力相助，于是感叹自己的运气不好。殊不知成功者取得成功的主要原因，就是由于确立了明确的目标。

　　一个人有了明确的奋斗目标，也就产生了前进的动力。因而目标不仅是奋斗的方向，更是一种对自己的鞭策。有了目标，就有了热情，有了积极性，有了使命感和成就感。

　　有明确目标的人，会感到自己心里很踏实，生活得很充实，注意力也会神奇地集中起来，不再被许多繁杂的事所干扰，干什么事

都显得成竹在胸。相反，那些没有明确目标的人，总是感到心里空虚，思维乱成一团麻，分不清主次轻重，遇事犹豫不决，不知道自己该干什么，不该干什么。

李想是一个很聪明的年轻人，他一心想做出一番事业来证明自己。但是他并不知道自己想干什么，他什么事情都想尝试，他想什么赚钱自己就要干什么。大学毕业后，李想找了很多工作，他曾经在酒店里当过侍者，在快餐厅洗过盘子，在一所健身中心当过教练，还到保险公司做过推销员……工作换得像走马灯，但是每份工作，他都不能干长久，总是做过几天或者几个月之后，他就厌倦了，不想再做下去，而是想寻找新的发展。这样，十年过去了，看着周围的人都有了成就，以前的同学很多都在公司里成了高管，在单位成了骨干，而自己，仍然拿着大学毕业证书到处找工作。

李想并不是没有能力，也不是不用心，他只是没有目标，没有规划，因此白白浪费了自己的时间。人生如白驹过隙，匆匆几十年，其实真正能够留下来的东西并不多。如果在年轻时不能为自己定下目标，那么你的人生就会在虚无当中度过。

人生其实很短暂，不要在漫无目标当中浪费自己的时光了。当你认为你还很年轻，还有大把时间可以浪费的时候，你的很多同龄人已经在通往目标的路上迈了一大步。所以，如果你想让自己的人生有价值、有意义，从现在开始，制定你的目标吧。

只有确立了前进的目标，二十几岁的年轻人才会最大可能地发挥自己的潜力。只有在实现目标的过程中，我们才能够检验出自己的创造性，调动沉睡在心中的那些优异、独特的品质，才能锻炼自己、造就自己。

从现在起规划你的人生

也许很多人觉得，年轻的时光还很长，那些事业理想都是长大之后的事情，太遥远了。我的年龄还小呢，先玩几年再说。很多人就是在这样的想法当中一年一年耽误了自己的青春。等到青春已逝，他们才发现原来所谓十年二十年时光也不过是弹指一挥间，原来时间不等人，青春很短暂。到三十岁的时候，他们想规划自己的人生，却发现最好的时光已经过去，为时已晚。

如果在三十岁左右实现你的理想，那么在二十岁左右就必须开始规划你的人生。你的规划决定你的方向，更能决定你将来成为什么样的人。

周迅是很多人喜欢的女演员，也是当今影视界最走红的明星之一。从电影《苏州河》、《巴尔扎克与小裁缝》到《如果·爱》，她所诠释的都是些有个性的人物。对于这位成功的演员，她的背后有着值得让人深思的故事。

周迅18岁之前，是一个对未来十分迷茫的女孩。她就读于浙江艺术学校，每天跟着同学唱歌、跳舞，日子倒也过得轻松。偶尔有导演来找她拍戏，周迅也总是来者不拒，即使角色很小、台词很少，只要能上镜，她以为这样就应该满足了。直到1993年5月的某一天，学校的一位赵老师找她聊了一些话，这段话改变了周迅的人生。

周迅曾经说，"如果没有那段对话，就没有现在的周迅……"

赵老师对周迅说："周迅，你是个好苗子。你能告诉我，你对未来有何打算？"这是一个简单却又严肃的问题，让周迅不知该如何回答。老师又继续问："你对现在的生活满意吗？"周迅摇摇头。"不满意的话证明你还有救，你可曾想过，十年以后你会是什么模样？"老师的话带着长者的温暖，可却是一个字一个字地敲响周迅的内心世界，让这个不知未来的女生顿时在脑海里风起云涌。周迅沉默了一阵子，然后凝视着老师的眼睛，很坚定地说："我希望十年后的自己成为最好的女演员，同时可以发行一张属于自己的音乐专辑！"

老师问："你确定吗？"周迅咬紧了嘴唇回答："是的"。老师继续对周迅说："好，既然你确定了未来的方向，我们就把这个目标倒推回来——十年以后，你28岁，那时你是一个红透半边天的大明星，同时发行了一张音乐专辑。"

"那么你27岁的时候，除了接拍名导演的戏以外，一定还要有一个完整的音乐作品，可以拿给许多唱片公司听，对吗？""要达到上面一个目标，25岁的时候，在演艺事业上你就要不断进行学习与思考，要不断地突破自己，另外在音乐方面也要有很好的作品，对吗？""如果要达到这个地步，你在23岁时就必须接受各种训练及课程，包括肢体上的和音乐上的。""而在20岁的时候，周迅！你就要开始作曲、作词，在演戏方面就要争取一些大一点的角色。""那么从现在开始，你18岁的时候，就要着手学习音乐，学会创作，并且去提高自己的演技，让自己有更多的机会……"

这一席话说得周迅心情沉重，因为这样推算下来，她现在就必须马上着手为自己的理想行动了。可是周迅觉得自己什么都不会，什么也没想过，仍然为小丫环、小舞女之类的角色沾沾自喜，一股无形的压力排山倒海地向周迅袭来。

赵老师沉默几分钟后接着说："周迅，你的确是一棵好苗子，但是你对自己的人生缺乏规划，散漫而且混乱。我希望你能在静下心来的时候，好好去思考一下'十年后的自己'到底想过什么样的生活？到底要实现什么样的梦想？如果确定了，就应该拿出勇气并且从现在开始行动！"

一年后，周迅从浙江艺术学校毕业，开始接拍各样的电视连续剧。可是赵老师的话却一直烙印在周迅的心底——"想想十年后的自己！"每当她意识到这是一个问题的时候，周迅就不由得紧张起来，警醒起来，奋马加鞭，向着自己的目标努力。

韩愈曾说："凡事预则立，不预则废。"这里的"预"可理解为一种预见性、计划性。世界顶尖潜能大师安东尼·罗宾曾经说过："有什么样的目标就有什么样的人生。"你如果想成为什么人，就必须为自己设立一个目标，而且从现在开始，就努力去寻找一切能够实现自己目标的方法。目标不仅仅是一句口号，更需要切实可行的计划和行动。

现在的很多年轻人，只是羡慕别人的成功，却不明白其实自己也同样拥有成功的机会。只要你脚踏实地，为自己设立一个清晰的目标，并且向着目标不断前进，知道自己干什么以及怎么去做。那么你的人生也会同样精彩。

世界著名投资公司"软银"的创始人孙正义，曾经在23岁时花了1年多的时间来想自己到底要做什么。他把自己想做的40种事情都列出来，而后逐一地作详细的市场调查，并做出了10年的预想损

益表、资金周转表和组织结构图，40 个项目的资料全部合起来足有 10 多米高。然后他列出了 25 项选择事业的标准，包括该工作是否能使自己全身心投入 50 年不变、10 年内是否至少能成为全日本第一等等。依照这些标准，他给自己的 40 个项目打分排队，计算机软件批发业务脱颖而出。用十几米厚的资料做事业选择，目光放在几十年之后，这样的深思熟虑，这样的周密规划，注定了他日后的成功。一个成功学家说："把 80% 的时间留给未来。用 20% 的时间去处理眼前的紧要事情，而用 80% 的时间去做那些暂时没有收益但以后会有的重要事情。"如果你希望自己成功，就要从现在开始为自己定一个 10 年规划，如果要发挥潜能，你还必须全神贯注于自己有优势并会有高回报的方面，反过来，这些优势会进一步发展并帮助你实现目标。

只要你从现在开始规划，那么成功的日子就指日可待。

人生的路很长，但紧要处只有几步，尤其在年轻的时候。许多人埋头苦干，却不知所为何来，到发现走错了方向却为时已晚。因此，我们必须树立真正的目标，澄明思想，凝聚继续向前的力量。

目标不怕太高

在设立人生目标的时候，很多年轻人总是把成功想象得太难，在他们看来，太遥远的目标只是痴人说梦，不可能实现，他们总是害怕把目标设立得太高，怕自己不能达到目标。

而事实上，在设定目标的时候，目标越大，将来取得的成就也越高。高的目标正是你前进的动力。这个世界上没有不可能。只要你确定了目标并且付出努力，就有可能成功。有了梦想，有了目标，我们才会为了这个切切实实的目标去拼搏，去奋斗，去努力实现它。也许多年后我们的目标最终不能完整地实现，可是，你更会发现，你比以前，已经大大地前进了好几步。正所谓"梦想有多大，舞台就有多大。"不要怕目标太远而实现不了，越是伟大的梦想越能激励人们的斗志，充分调动人的潜能。因此，设立目标的时候，不妨把你的目标设立得更大一点。这样你将来取得的成就也就越大。

一群贫穷的美国孩子，从未离开过自己生活的小镇。但他们为这样的梦想而激动——"我们要周游世界"！

这些靠救济生活的孩子打算通过在报上刊登募捐广告来筹集旅费。但是，高达1.2万美元的广告费从何而来？沉浸在梦想中的孩子们，为实现自己的愿望，开始寻找所有力所能及的杂活，比如洗车、卖报、卖花，一美分一美分地为实现梦想而挣钱……

媒体报道了孩子们的壮举，篮球名将迈克尔·乔丹为之深深感动，以圣诞老人的名义给孩子们寄来了一张1.2万美元的支票，孩子们精心设计的广告终于刊登出去了，结果他们收到了来自四面八方的邀请，并且每天都有好心的捐款人出现。而让整个小镇沸腾的事是总统亲自来信，邀请孩子们去白宫做客！

这是一个关于梦想的真实故事，也是一个关于"野心"的故事。一个人，如果终生没有梦想，没有"野心"，可能会活得平安，但他绝不会幸福，更感觉不到生活的价值，只能终生碌碌无为，平庸地

度过一生。

中国古人早就说过："取法上者得乎中，取法中者得乎下，取法下者得乎无。"那些志向远大、敢于想象的人，所取得的成就必定是远远超出起点；一个理想高、目标大的人，即使做起来没有实现最终的理想和目标，但其实际达到的目标，都要比理想低、目标小的人最终达到的目标还要大。

在我国贵州省有一个贫困的山区，海拔一千多米的高山上有二十多个孩子，他们在一所破旧的学校里读书，过着与世隔绝似的生活。

老师是从大城市来的大学生，第一天来到学校，他失眠了一晚上，这里的生活境况要比他以前想象的更艰苦。

上第一堂课，老师看到几位浑身湿漉漉的孩子。他问："一大早是不是打水仗了？"

那几个孩子低着头不敢说话。一个扎着辫子的女孩站起来说："他们从深山里走过来，是路上杂草上的露珠打湿的。"

老师把目光投向窗外，那里是一片黑黢黢的去处，一条似隐似现的羊肠小道穿行在群山之中。老师沉默了，他很难想象，对于这里的孩子，上一次学要付出如此大的代价，他更难以想象的是，孩子们的见识和大山的海拔成反比，他们根本不知道山外的世界有多大。

当老师问孩子们将来的梦想是什么时，有一个扎着小辫子的女孩说，她要当村里的会计。更多的孩子说他们长大了要学会在自家的毛竹上刻上父亲的名字，以防别人盗砍他们的毛竹。老师叹了口气。

后来，老师有了一台二手的笔记本电脑，可以通过村里唯一的一条电话线连接互联网。那次教学设在村长家里，围观的大人比学生还多。

他给孩子们讲外面的世界，讲肯德基和麦当劳，讲杭州和上海，讲通过一台电脑可以连接世界的精彩。

那个扎辫子的女孩理想开始有了转变，她说将来要下山当会计。而一个住在深山中的孩子说，他以后能当个乡长那样的官，能拿出一笔钱修一条通向山下的公路。

老师在山上待了一年便走了。他说自己只能改变孩子们这么多，他希望后来的老师不要把孩子的志向变小。

他说这些孩子也许永远走不出大山，但是必须垫高孩子的理想高度。这样，他们在将来才会充分发挥自己的潜能。

志向越大，成就越高。越是卓越的人生越是志向的产物。可以说，志向越高，人生就越丰富，达成的成就越卓绝。志向越低，人生的可塑性越差。也就是常说的："期望值越高，达成期望的可能性越大。"

一个人的志向中必须含有某种能激励你自我拓展、自我要求的要素，这些要素会不断帮助你成长、改变和进步。

美国潜能成功学大师安东尼·罗宾说："如果你是个业务员，赚1万美元容易，还是10万美元容易？告诉你，是10万美元！为什么呢？如果你的目标是赚1万美元，那么你的追求不过是能糊口便成了；如果这就是你的目标与你工作的原因，请问你工作时会兴奋有劲吗？你会热情洋溢吗？"

从前有两个人，他们都想到远方去，一个人想到日本，一个人

想到美洲。他们同时从蓬莱出海，结果两人都没有到达目的地。但想到美洲去的人到达了日本，而想到日本去的人只到了朝鲜半岛。

二十几岁的人生还没有定型，追求的目标越高，他自身的潜能就发挥得越充分，他的才能就发展得越快。人之伟大或渺小都决定于他的志向。伟大的毅力只为伟大的目标而产生。坚忍不拔地为事业而奋斗，是成功人士特有的气质。自古以来，人们把这种精神称之为"气"，没有"气"就不能成功。

一个人在二十几岁时，正是敢想敢做的时候，如果这时候你没有树立起远大的目标，等你的人生基本定型后再立志，那时碰到的压力与阻力会更大。因此，把你的志向和目标提升起来。它不应该退缩在一个不恰当的位置。接受志向的牵引吧！

先要为目标付出

现在的很多年轻人，并不是没有目标。但是他们多年之后，仍然在自己的目标外徘徊。他们每天只做着自己必要的工作，勉强维持着生计，默默无闻，最后不得不在这种日复一日的平淡和枯燥中放弃了自己的目标。他们经常会责怪环境，抱怨命运，他们认为自己没有实现目标是没有合适的机会。但是，真正导致他们没有实现目标的，却是他们不懂得在成功之前为自己的目标付出。

我们都知道"天下没有白吃的午餐"，任何东西的获得都是要付出代价的。目标和梦想也是如此。就像要烧开一壶水，需要生火，需要热量和一定的气压积累到一定程度，才能让水沸腾——我们实现目标也必须要为目标作一些准备，作必要的铺垫和付出。只有你之前付出了，你才能在遇到合适的机会时发挥你的才干，实现你的目标。

很多年轻人总是想着自己伟大的目标，却忽略了手边触手可及的事情。他们想当工程师，却忽略了先把身边的建筑作一了解；他们想当音乐家，却不知道可以从身边人身上获得掌声；他们想当企业家，却忘了从身边小小的生意开始着手。

然而不幸的是，许多人只是站在生命的火炉前，说道："火炉，请给我一点温暖，然后我给你加进一些木柴。"

如此类推，秘书往往会跑到老板那里说："给我加薪，我就会做得更好。"推销员会到老板那里说："升我为销售主管，我就会变得很能干，虽然我一直没有做出什么。所以请让我做主管，我会做给你看。""给我报酬，然后我会生产。"可惜生命并不是这样运行的。在你期望得到东西前，必须加进一些东西。

身高只有 1.45 米的原一平，貌不惊人，可是在日本的人寿保险界里，他却是一位响当当的人物。因为他在同行业中连续 15 年夺得了全国业绩第一，被日本人尊称为"推销之神"。

原一平 69 岁时，一次应一家人寿保险公司的邀请作公开演讲。在演讲会上，有人问他推销成功的秘诀。他当场脱掉鞋袜，请提问者走到讲坛上，说："请您摸摸我的脚底。"发问者莫名其妙，但也只好照原一平说的做了。

原一平问："您觉得怎么样呢？"

提问者说："您的脚底茧好厚啊！"

"不错，我的脚茧特别厚，您知道这是为什么吗？"

"为什么呢？"

"因为我走的路比别人多，比别人跑得勤，所以脚茧特别厚。"提问者这才恍然大悟，道谢而去。

原来，原一平的意思是说，他推销成功的秘诀唯有"勤"字而已。原来原一平在从事推销人寿保险工作之初，因为没有固定收入（没有固定薪金，收入完全来自成交额提取的佣金），所以有三年多的时间，不吃中餐（没钱吃），不搭电车（没钱搭车），每天用那双勤奋的脚，马不停蹄地推销。

他平均每个月要用掉1000多张名片，每天一定要访问15位准客户，没访问完毕决不作罢。他经常因受访者不在，而在晚餐后再去访问，常常是晚上11点后，才能回家休息。

由于他访问勤快，50多年来，他积累了2.8万个准客户，这就是他被誉为"推销之神"的由来。原一平以自己的切身体验，深有感触地说："好运，眷顾勤奋努力的人。"

原一平的成功，是自己曾经夜以继日辛苦工作，不断付出的结果。他为自己的成功付出了很多别人难以想象的代价，也正是因为这些付出，他成功了。世界上没有无缘无故的成功，任何成功和辉煌的背后都是人们辛苦付出的结果。也许你看到别人站在鲜花和掌声当中的时候觉得羡慕，但是你却难以想象在他们成功之前曾经付出了多少常人难以想象的代价，才取得了今天的成功。

但是，很多年轻人却缺少这种精神，他们往往"量入为出"，总是将自己的付出和获得等同起来，从来不做自认为没结果的付出。他们在做事之前总会先去问能得到多少报酬，如果报酬较低，他们就会懈怠,就会敷衍了事,而且会想:"才这么点钱,用不着那么拼命。"他们总是想得到月薪上万、上百万的工作,总是会说,"如果一个月给我1万,我一定把这事儿做好。"可是,他们却忘了,没有1千,又何来1万?没有之前的积累,有什么资格和能力去拿上万的高薪?

但是如果从现在开始,你踏踏实实,勤勤恳恳,为自己积累下资本和经验,那么到一定时候,你自然会拿到更高的报酬。

二十几岁的年轻人,经常面临的最大的困惑是失去了职业生涯的方向。他们觉得有种无力感,认为自己的角色可有可无,跟不上别人,没有归属感,工作中充满了挫折。这时候你所能做的最有价值的事情,就是每天从手边的工作开始踏踏实实做事情,认认真真培养能力。这会使你在事业中的地位日渐重要,不动声色地接近伟大的目标。

将目标付诸行动

美国著名成功学大师马克·杰弗逊说:"一次行动足以显示一个人的弱点和优点是什么,能够及时提醒此人找到人生的突破口。"毫无疑问,那些成大事者都是勤于行动和巧妙行动的大师。在人生的道路上,二十几岁的年轻人需要的就是:用行动来证明和兑现曾经心动过的金点子!

行动是一个敢于改变自我、拯救自我的标志，是一个人能力有多大的证明。光心想、光会说，都是虚的，不能看到一点实际的东西。其实，相对于付诸行动来说，制订目标倒是更容易。许多二十几岁的年轻人都为自己制订了目标，从这一点上说似乎人人都像一个战略家。但是，相当多的人制订了目标之后却没有落实下去，不敢采取行动，结果到头来仍是一事无成。

有一位满脑子都是智慧的教授和一位文盲相邻而居。尽管两人地位悬殊，知识、性格更是有着天壤之别，可是他们都有一个共同的目标：如何尽快发财致富。

每天，教授都跷着二郎腿在那里大谈特谈他的"致富经"，文盲则在旁边虔诚地洗耳恭听。他非常钦佩教授的学识和智慧，并且按照教授的致富设想去付诸实际行动。

几年后，文盲成了一位货真价实的百万富翁。而那位教授呢？他依然是囊空如洗，还在那里每天空谈他的致富理论。就像人们所说的那样，"教授教授，越教越瘦"了。

你必定会为教授的愚蠢而发笑，却不会想到，类似的事情在你身上也可能发生。想想你是不是常常渴望成功，却没有为成功做出过一丝一毫的行动？

缺乏决心与实际行动的梦想于是开始萎缩，种种消极与不可能的思想衍生，甚至就此不敢再存任何梦想，过着随遇而安、乐于知命的平庸生活。因此，要想获得成功的果实，光有想法是不够的，想好了你得去做，只有将想法付诸行动，并全力以赴地去做，才有可能获得成功的奖牌。

一位侨居海外的华裔大富翁，小时候家里很穷，在一次放学回家的路上，他忍不住问妈妈："别的小朋友都有汽车接送，为什么我们总是走回家？"妈妈无可奈何地说："我们家穷。""为什么我们家穷呢？"妈妈告诉他："孩子，你爷爷的父亲，本是个穷书生，十几年的寒窗苦读，终于考取了状元，官达二品，富甲一方。哪知你爷爷游手好闲，贪图享乐，不思进取，坐吃山空，一生中不曾努力干过什么，因此家道败落。"

"你父亲生长在时局动荡战乱的年代，总是感叹生不逢时，想从军又怕打仗，想经商时又错失良机，就这样一事无成，抱憾而终。临终前他留下一句话：大鱼吃小鱼，快鱼吃慢鱼。"

"孩子，家族的振兴就靠你了，干事情想到了、看准了就得行动起来，抢在别人前面，努力地干了才会有成功。"他牢记妈妈的话，以十亩祖田和三间老房子为本钱，曾经登上《财富》华人富翁排名榜前五名，他的名字就是包玉刚。他在自传的扉页上写下这样一句话："想到了，就是发现了商机。行动起来，成功仅在于领先别人半步。"

也许你早已经为自己的未来勾画了一个美好的蓝图，但是它同时也给你带来烦恼，你感到自己迟迟不能将计划付诸实施，你总是在寻找更好的机会，或者常常对自己说：留着明天再做。这些做法将极大地影响你的做事效率。因此，要获得成功，必须立刻开始行动。任何一个伟大的计划，如果不去行动，就像只有设计图纸而没有盖起来的房子一样，只能是一个空中楼阁。

1989年4月，香港女作家梁凤仪发表了她的第一部小说《尽在不言中》，一出版便一炮打响，为她的"财经系列小说"开了个好头。此后，她开始以令人难以置信的速度，以近乎批量生产的方式，

有系统地创作起小说来。

1990 年，梁凤仪写出了《醉红尘》等 6 部长篇小说。1991 年，她更上一层楼，竟然一口气出版了《花帜》等一系列作品。当时，梁凤仪的财经小说发行量特别大，在港台地区刮起了一阵猛烈的"梁旋风"。

梁凤仪心中一动，自己的小说既然如此受欢迎，如此能创造经济效益，为什么不自办出版社呢？说干就干，于是，她亲任董事长和总经理，成立了香港"勤＋缘"媒体服务公司。

"勤＋缘"获得了很大的声誉，由此而来的是它获得的巨大的经济效益。仅仅在成立的一年半以后，"勤＋缘"便收回了"八位数字"的投资，并在两年以后，一跃成为香港 3 家营业额最高的出版社之一。

如果没有梁凤仪的那心中一动，就不会有"勤＋缘"的诞生，更不会有今天它的壮大和辉煌——这说明，很多时候，成功的源头就躲在那些异想天开的一念之间，藏在那些一闪即逝的灵感火花之后。

想法固然重要，但若没有说干就干，心动之后马上行动，就算有千万次的心动，一切也都不会发生，不过都是水中月、镜中花罢了。

这说明不管我们有了怎样的想法，无论是实际的、还是看似荒唐的，只有拥有必胜的决心，再配合确切的行动，才有成功的可能。

立刻行动起来，不要有任何的耽搁。20 岁的年轻人必须要知道，世界上所有的计划都不能帮助你成功，要想实现理想，就得赶快行动起来。成功者的路有千条万条，但是行动却是每一个成功者的必经之路,也是一条捷径。

一旦你设立了目标,就要在接下来的 24 小时里赶紧行动起来。这会使你前行的车轮运转起来,并创造你所需要的必要的动力。一位演讲家曾经说过,说空话只能导致你一事无成,要养成行动大于言论的习惯,那么即使是很艰难、很巨大的目标也能够实现。

所以,要记住:"现在"就是行动的时候。行动可以改变一个人的态度,因为凡事都不去行动,就不会知道自己的智慧和能力。而采取了行动,你的潜能就会随着行动发挥作用,辅助你由消极转为积极,让你在每天的行动中都享受到成就带来的满足。

一步一步实现目标

世界因梦想而精彩,人生因梦想而伟大。梦想可以让一个普通人变得伟大,也能让平庸者拥有一个精彩的人生。梦想蕴藏着强大的力量,它能够指引我们人生的方向,改变我们的命运,让我们感到人生的充实和快乐。但是任何伟大的梦想,都要变为现实。

从梦想到现实,二十几岁的年轻人常有种抓不到重点的感觉。梦想是浪漫主义的,而成功则是现实主义的,你制订了目标,并不等于已经实现了目标,还必须憋足了劲,一步一步做下去。其实实现目标的方法极为简单,从现在开始,从你目前的学业和工作出发,完成你的原始积累。

对很多人来说，美国西部是一个充满诱惑力的地方。为此，很多人都跑到那里打工，梦想从那里捞到一桶金，闯出一片天地。当然比尔与古斯也不例外。比尔与古斯在前往美国西部的路上偶然相遇了，二人提起去打工的事情，双双勾勒起未来美好的蓝图。到了美国西部后，他们就开始不断地寻找机会。

有一天，二人同行时，发现地上有一枚硬币，比尔看也不看抬着头径直走过去了，而古斯却低下头将硬币拾了起来。比尔用鄙夷的目光看着古斯想："一个硬币都要捡，真没出息，这样的人怎么能成大事？"而古斯却这样想："看着钱在自己的脚下溜走，这样的人怎么能成就事业呢？"

一次偶然的机会，两个人被同一家公司录用了。由于公司规模不是很大，所以分工也就没有那么细，时常一个人要做三个人的事情，可是，工资却不高。比尔对这份工作不太满意，不屑干下去，就走了，而古斯却快乐地接受了，并且努力地工作着。

比尔走后又进了一家公司，他依然在不断地努力寻找机会。两年后，比尔与古斯在街上邂逅了，这时的古斯已经闯出了自己的一片天地，自己办公司当了老板，可比尔仍然一事无成，两年来没有一个固定的工作，

比尔不理解地问古斯："你连一个硬币都捡，我认为很没出息，可为什么你能做出一番大事呢？"

古斯只说了一句话："饭要一口一口吃，路要一步一步地走。"

小钱都抓不住，如何掌控大钱？每个人都希望在事业上取得成功，干出一番"惊天动地"的大事，希望总是美好的，真正做起来还需要付出一些艰苦的努力，还需要一步一步地实现目标。所以不

论做什么事情，都不要眼高手低，从小事做起才是硬道理。

决心获得成功的人都知道，进步是一点一滴不断地努力得来的。例如，房屋是由一砖一瓦堆砌成的，篮球比赛的最后胜利是由一次一次的得分累积而成的，商店的繁荣也是靠着一个一个的顾客在不停地购物过程中形成的，所以每一个重大的成就都是一系列的小成就累积成的。"继续走完下一里路的原则"不仅对别人很有用，当然对你也很有用。对二十几岁的年轻人来讲，不管被指派的工作多么不重要，都应该看成是"使自己向前跨一步"的好机会。推销员每促成一笔交易，就为迈向更高的管理职位积累了条件。

教授每一次的演讲，科学家每一次的实验，都是向前跨一步、更上一层楼的好机会。有时某些人看似一夜成名，但是如果你仔细看看他们过去的历史，就知道他们的成功并不是偶然得来的，他们早已投入无数心血，打好坚固的基础了。那些暴起暴落的人物，声名来得快，去得也快。他们的成功往往只是昙花一现而已，他们并没有深厚的根基与雄厚的实力。

理想不同于妄想和幻想，目标要切实可行，行动要脚踏实地。这样，你离你的梦想就不远了。

美国汽车工业巨头福特曾经特别欣赏一位年轻人的才能，他想帮助这个年轻人实现自己的梦想。可这位年轻人的梦想却把福特吓了一跳：他一生最大的愿望就是赚到10000亿美元——超过福特现有财产的100倍。福特问他："你要那么多钱做什么？"年轻人迟疑了一会儿，说："老实讲，我也不知道，但我觉着只有那样才算是成功。"

福特说："一个人果真拥有那么多钱，将会威胁整个世界，我看

你还是先别考虑这件事吧。"

5年后的一天，年轻人告诉福特，他想创办一所大学，他已经有了10万美元，还缺少10万美元。福特这时开始帮助他，他们再没有提过那10000亿美元的事。

经过8年的努力，年轻人成功了，他创办了世界上最有名的大学之一，他就是著名的伊利诺伊大学的创始人——本·伊利诺伊。

要赚够10000亿美元的梦想，已经到了狂想的地步，这个目标，只能让别的人更加茫然。我们关于梦想的勾勒应该是这样的：我目前拥有什么，从哪里做起才能让自己的生活发生一些正面的变化。

当你逐渐成长之后，你会开始思考你的人生何去何从。但是，你的某些梦想会成真，其他的会渐渐消失或改变，更有些会在你的眼前粉碎。在你的人生中，你可能必须要放弃一到两个梦想。可是你这么做的时候，其他的机会又会展现在你的面前。

在很小的时候，约翰便梦想成为一位名作家。妻子对他的信心令他十分陶醉。妻子白天做秘书，晚上做裁缝来维持日常生活，而约翰则夜以继日地创作他的第一本诗集。

约翰倾尽全心全意从事写作，等到完成时感到非常的自豪。他本想向全世界描述自己内心深处的梦想、希望和欲望，却发觉这个世界对之嗤之以鼻。他被退稿12次之后早就完全麻痹了；等到拒绝了24次，他坐在后院凉亭，重新评估人生目标的优先次序。约翰开始想到妻子想要住在一栋红砖屋的梦想。以当时的财务状况而言，他们似乎永远达不到这个梦想。还好，后来约翰在一个广告公司内担任一个职位，他们竭尽所能节省每一分钱，不久便建筑了他们的家园。

从某种意义上说，约翰放弃了成为诗人的梦想，而迁就于另一个比较小的梦。然而，每当他亲眼看到妻子坐在门廊里缝制衣服，向邻居挥手致意时，他就觉得成为诗人未必就是个值得追求的伟大梦想。

约翰的经历告诉我们，当现实与梦想存在着巨大的距离的时候，你应当保留梦想，服从于现实。许多年轻人都常犯同样的错误，对生活提供的巨大的财富，只能收获到一点点。尽管未知的财富就近在眼前，他们却得之甚少，因为他们只一心盯着梦想的气球，对身边的果子却视而不见。

务实的人都会为自己树立一个能够实现的目标。他们都知道，如果把目标订得过高，不但会使自己无法脚踏实地地工作，而且也发挥不出目标的激励作用。因为当我们付出很多努力，但仍旧无法实现目标时，我们就会变得懈怠和灰心。只有为自己树立一个能够实现的目标，才可以使自己航向明确，才能脚踏实地地去追求自己想要的生活。

那些已经有了足够阅历的人都知道，人生经常会有一些有趣的反差。当你一心立大志、成大事的时候，很可能终其一生也两手空空；当你暂时收起了雄心壮志，从身边小事开始行动时，反而会柳暗花明，出现意想不到的好机遇。

二十几岁的年轻人，无论你的梦想多么高远，先做触手可及的小事。只有一个又一个小的目标实现，才能牵引你向着更大的成功迈进。每前进一步，你都会离自己的梦想更近一步，每一次成功，都让你在梦想的道路上信心百倍。要实现你的梦想，请从你身边能够做的做起。它真的能给你带来意料之外的收获。

分解目标，实现起来不再难

有些目标太大，让我们实现起来似乎无从入手。感到心理上的压力。那么，就不妨把你的目标分解，分成许多小的目标。当你实现一个又一个小的目标后，再实现那个大的目标，你就会发现一切都不再那么难，你做起来也很得心应手。

其实，人们走 200 米和 2000 米采取的行为和动作是一样的，但是有人觉得 200 米很容易，而 2000 米就很吃力。原因就是他们只看到那个大的目标，自己被自己吓住了。而其实，200 米只是 10 个2000 米的组合，当你走完 10 个 200 米，就等于轻松地实现了自己的目标。

1984 年，在东京国际马拉松邀请赛中，名不见经传的日本选手山田本一出人意料地夺得了世界冠军。

多年后他在自传中说到取胜的原因："每次比赛之前，我都要乘车把比赛的线路仔细地看一遍，并把沿途比较醒目的标志画下来，比如第一个标志是银行；第二个标志是一棵大树；第三个标志是一座红房子……这样一直画到赛程的终点。比赛开始后，我就以百米的速度奋力地向第一个目标冲去，等到达第一个目标后，我又以同样的速度向第二个目标冲去。40 多公里的赛程，就被我分解成这么几个小目标轻松地跑完了。"这位运动员说："起初，我并不懂这样的道理，我把我的目标定在 40 多公里外终点线上的那面旗帜上，结果我跑到十几公里时就疲惫不堪了，我被前面那段遥远的路程给吓倒了。但是这样分解后，我就发现其实也并没有那么远。当我一个目标一个目标超越之后，我就发现这其实很容易。"

弗罗伦丝·查德威克是著名的长距离游泳健将，她是世界上第一位横渡英吉利海峡的女性。1952 年 7 月 4 日清晨，34 岁的查德威克从卡塔林纳岛上纵身跳入了茫茫的太平洋，这一次，她的目标是对面 13 千米的美国加利福尼亚海岸，她将要创造另一项世界纪录。

这天早上，大雾弥漫，她几乎看不到护送她的随从船队和人员。冰冷的海水冻得她浑身发麻，她咬紧牙关坚持着，时间一小时一小时地过去，成千上万的观众在电视上看着她，为她呐喊加油。大约 15 小时过后，她感到疲惫不堪，又冷又累，快要坚持不住了。她呼喊着让人拉她上船。这时，她的母亲在船上告诉她，现在离加利福尼亚海岸已经很近了，千万不要放弃！可是，她朝前面望去，除了浓雾还是浓雾。她又坚持游了半个多小时，15 个小时 55 分钟之后，她筋疲力尽，随从的保护人员终于把她拉上了船。

浓雾散去之后，她才知道，自己上船的地方离海岸仅有 800 米的距离。这是她长距离游泳生涯中唯一的一次失败。事后她对采访的记者说："说实在的，我不是为自己找借口。如果当时我能看见陆地，也许我能坚持下来。"

两个月之后，她成功地游过了这一曾经令她失败的海域。

要达到目标，就要向着目标前进，就像上楼一样，不用梯子，一楼到十楼是很难蹦上去的，相反蹦得越高就摔得越狠，必须是一步一个台阶地走去。而如果将大目标分解为多个易于达到的小目标，

一步步脚踏实地，每前进一步，达到一个小目标，使人体验了"成功的感觉"，而这种"感觉"将强化他的自信心：并将推动他稳步发展潜能去达到下一个目标。

大成功是由小目标所累积，每一个成功的人都是在达成无数的小目标之后，才实现他们伟大的梦想。不放弃，就一定有成功的机会，如果放弃，就已经失败了。不怕艰苦，不懈努力，迎接自己的便将是成功。

小时候，尼克·亚历山大最渴望达到的目标是上学。他在孤儿院长大，那是一种老式的孤儿院，孤儿院从早上5点工作到日落，伙食既差又不够吃。尼克是一个聪明的小孩。他14岁就从中学毕业，接着，他投入社会谋生。

他所能找到的工作，是在一家裁缝店里操作一架缝纫机。14年来，他一直在那种环境下工作，不久，那家裁缝店加入了工会，工资提高了，工作时间缩短了。

尼克·亚历山大幸运地娶了一个女孩，她愿意帮助他实现上大学的梦想。但事情并不容易，到他们结婚之后没多久，店里开始裁员，于是他们这对年轻的夫妇决定自己去闯天下。他们把存款聚集在一起，开了一家"亚历山大房地产公司"。尼克的太太特丽莎甚至把订婚戒指也卖掉了，以便增加他们那笔小小的资本。

在两年之内，生意兴隆，于是特丽莎坚持让尼克去上大学。他在26岁的时候，得到了学位——这是人生道路上所抵达的第一个里程碑。尼克又回到房地产公司，成为他太太的生意伙伴。他们又有了一个新目标——海边的一幢房子，终于，他们也实现了那个梦想。他们有一个小女孩要受教育。

如果他们能把商业大楼的分期付款缴清，把大楼变成公寓出租，收入的租金就能支付他们孩子的大学费用了，因为一心一意要达到这个目标，他们终于做到了。

亚历山大太太说，他们目前正在为他们退休保险金努力。现在尼克单独主持事业，特丽莎则照顾自己的家。亚历山大夫妇过着一种忙碌、成功、幸福的生活，因为他们面前总是有一个目标，使他们的努力有一个方向。

在现在二十几岁的年轻人看来，尼克夫妻的目标也许有些平庸，但是你要知道，这些生活平稳的中产阶级正是这个社会的主流。即使退一步说，如果你以成为顶尖人物为榜样，路依然要一步一步地走。比如你的目标是成为本行业的领军人物，也要从一些细小而明确的目标开始：半年内完成财会班的自学，一年内掌握投资的技巧，三年内升至部门的主管……当这些目标一个接着一个实现的时候，你就会逐步地接近成功。

在分解目标、实现目标的过程中，应当注意的是，人生大目标是人生大志，可能需要10年、20年甚至终生为之奋斗。所以，任何懈怠都会使你停滞不前，甚至有半途而废的危险。这时候你就需要在行动中寻找动力。

曾经有一位63岁的老人从纽约市步行到了佛罗里达州的迈阿密市。经过长途跋涉，克服了重重困难，她到达了迈阿密市。在那儿，有位记者采访了她。记者想知道，这路途中的艰难是否曾经吓倒过她？她是如何鼓起勇气，徒步旅行的？

老人答道："走一步路是不需要勇气的，我所做的就是这样。我先走了一步，接着再走一步，然后再走一步，我就到了这里。"

做任何事，只要你迈出了第一步，然后再一步步地走下去，你就会逐渐靠近你的目的地。如果你知道你的具体的目的地，而且向它迈出了第一步，你便走上了成功之路！

"千里之行，始于足下"，想干大事业的人，首先要做好小事情；想要实现宏大的目标，先得从实现小目标开始。人生是一个不断设立目标并实现目标的过程，当每一个小梦想都慢慢实现的时候，我们的人生就真的可以无怨无悔了。这并不是天方夜谭，我们已经朝着正确的方向迈出了第一步，只要我们一步一个脚印地走下去，就一定能够取得胜利。

第三章
二十几岁无信念，三十几岁无成就

宋代词人苏轼指出："古之成大事者，不惟有超世之才，亦有坚忍不拔之志。"这里的"志"，说的是信念。信念在人一生的成败中，占有很重要的地位。信念具有一种神奇的力量，能使人在沮丧时也能燃起希望的火把；失意时再次扬起生命的风帆。二十几岁的年轻人，往往缺少的就是坚持下去的信念和顽强的毅力。做事容易虎头蛇尾，半途而废，这使他们在人生的道路上停滞不前。拥有信念，你的成功就在不远处。

坚定的信念是成功的前提

人生到底是喜剧收场，还是悲剧落幕，是丰丰富富的，还是无声无息的，全在于人们所持有的信念。

信念可以使人前一刻得病，而后一刻不药而愈；信念不仅能促使我们采取行动，相反也会削弱我们行动的动力。信念可以开发潜能，也可以毁灭潜能。

两支足球队于场上交锋，一队势如破竹，另一队节节败退。但是突然间，居劣势的那队获得重大转折——可能是一记长传或中途拦截等等，获胜希望增强为一股信念，令球员个个士气大振。他们感到胜利在望，而这种感觉在对手眼神的刺激下更为强烈，许多球员因而心中想道：好，再拼下去！人生也是如此。当我们感觉好事将到临时，就会变得精神百倍。当我们感到大势已去，就会像泄了气的皮球，满脑子消极思想。这就是为什么动机在好事或坏事临头时，皆相当重要的原因，也是一个人要像填饱肚皮那般，定期明确动机以成就各种事业的原因。

融入一个新观念、建立一个增进信心的新想法，或是出现一个有意义的念头，能够令人精神大振，进而凝聚为动力。人在积极向上时，表现及学习的情形就会更好，此刻你该储存一些向上奋斗的动机，等到遭遇挫折时就会派上用场。例如，每个推销员不论年资多久，都会告诉你，当你在挣扎求生之际，一旦有所突破，自然便会一帆风顺。你做成一笔大生意后，另一笔会跟着来，你的动力在期待的心理下自然也跟着升高。

不幸的是，这种情形也可能反其道而行之。当你接二连三地失利后，就会开始怀疑自己，等着别人向你说不，然而，此刻你其实已快打动顾客的心了。但不少推销员却早早罢手，于是永远没机会弄清楚自己是否具有成功销售的能力（其他更具挑战性的职业也是这样）。

美国学者皮特森博士在《美满家庭》月刊中说得好：人在一生中总有彻头彻尾失败的时刻。许多人任由失败的恐惧摧毁了他。

事实上，恐惧本身还较失败更具破坏力，不管在人生的哪一层面，只要你对失败深怀惧意，你尚未起步就已被击垮了。而有些人却能从失败中重新站起，发挥潜能，迈向成功。关于这一点，下面的这个故事就是一个典型的例子：

杰克是一个冷酷无情的人，嗜酒如命且毒瘾甚深，有好几次差点把命都给送了。后来，因为在酒吧里看到一位不顺眼的酒保而犯下杀人罪，被判终身监禁。他有两个儿子，年龄相差才一岁，其中一个跟他老爸一样有很重的毒瘾，靠偷窃和勒索为生，目前也因犯了杀人罪而坐监。另外一个儿子可不一样了，他担任一家大企业的分公司经理，有美满的婚姻，养了三个可爱的孩子，既不喝酒更未吸毒。为什么同出于一个父亲，在完全相同的环境下长大，两个人却会有不同的命运？在一次个别的私下访问中，问起造成他们现况的原因，二人竟然是相同的答案："有这样的父亲，我还能有什么办法？"

同样是一个父亲，一个恶劣的环境，一个不断激励自己，让自己向上努力，一个却自暴自弃，自我毁灭。

我们经常以为一个人的成就深受环境所影响，有什么样的遭遇就有什么样的人生。这实在是再荒谬不过了，安东尼·罗宾对此曾说过一句非常精辟的话："影响我们人生的绝不是环境，也绝不是遭遇，而得看我们对这一切是抱持什么样的信念。"

能够决定一个人的一生的，不是环境也不是遭遇，而得看你对于这一切赋予什么样的意义，也就是说你是用什么样的认知，这不仅会决定你的现在也决定你的未来。事实上，人生到底是喜剧收场，还是悲剧落幕，是丰丰富富的，还是无声无息的，全在于人们所持有的是什么样的信念。

信念是前进的支撑

一个人要想取得成功，最重要的是要有坚定的信念，即：相信自己成功，并且对此坚定不移。这个信念能够在人虚弱时给人以力量，人迷茫时给人以指引，疲惫时给人以慰藉。这种信念能够产生强大的力量，充分发挥每个人的潜能，在困苦孤独中坚持，在迷茫绝望当中奋进，最终通过自己的力量战胜困难，迎来光明。

很多事实告诉我们，只要你相信，没有什么不可能。

斯坦利·库尼茨是瑞典的一名医生，他热衷于沙漠探险，在他年轻的时候，他曾经尝试穿越非洲撒哈拉大沙漠。在他进入沙漠腹地的那天晚上，他随身携带的物品都被一场铺天盖地的风暴给刮走了，瞬间，他变得一无所有，他的向导不见了，满载着水和食物的驼群也消失了，就连他带来为自己庆祝36岁生日的香槟也被洒得一干二净，他甚至感到了死亡的逼近，害怕死亡的恐惧让斯坦利变得颤抖。就在他快要绝望的瞬间，他把手伸进自己的口袋，却意外地摸到了前天遗留在口袋里的一个苹果，斯坦利庆幸自己还有一个苹果，在这个苹果给予的希望支撑下，他从绝望中清醒了。

几天后，在沙漠中奄奄一息的斯坦利终于被当地的土著人路过时发现了，他们把斯坦利救起来，他们并不明白昏迷不醒的斯坦利为何要紧紧地攥着一个完整却已经干瘪的苹果，还攥得那么紧，以至于谁都无法从他手里将苹果拿走。这位传奇般的老人于20世纪初去世了，在弥留之际，他为自己写下一句墓志铭：我还有一个苹果。

信念就是希望。哪怕这个希望只有一星一点，但我们还是可以因为它而给自己带来崭新的成功。信念是一种源于生命本身的力量，这是我们人类具有的一种本能，是我们坚定的决心决定了自己的命运。只要我们让希望一直存在于心中，常保持一种"不放弃"的信念，就能让我们的人生永放光彩。

一支探险队在一片茫茫无垠的沙漠上负重跋涉着，火辣辣的太阳照着大地，干燥风沙在漫天飞舞，长时间的跋涉，让队员们口渴如焚，可是他们身上带的水都被喝光了。这时候他们的队长从自己腰间拿出一只水壶，举在手中告诉队员们说他这里还有一壶水，但是在他们穿越沙漠之前谁都不能喝。

队员们依次拿起那壶水，沉沉的水壶让濒临绝望的队员们个个

脸上都洋溢着一种充满生机的幸福和喜悦。探险队员们终于一步步地挣脱了死亡的威胁，顽强地穿越了那片茫茫的沙漠。当他们热情相拥，为成功欢呼，喜极而泣的时候，突然想起给了他们精神支柱和信念支撑的队长的那壶水。

他们拿过队长的水壶，拧开壶盖后流出的并不是水，而是沙。只要你的心里能够驻扎着拥有清泉的信念，那么，就算是在沙漠里，干燥的沙子也可以是一壶清冽的水。

一壶水的信念让这支探险队走出了威胁他们生命的沙漠！假如他们没有这份坚定的信念，他们就很可能会被永远埋没在沙漠中，与风沙为伴。

坚定的信念是呼吸的空气，是干渴的旅人的一杯清泉，是迷航的船长的指路灯……拥有坚定信念的人，可以无怨无悔地工作，尽心尽力地奋斗，倾尽全力克服前进道路上的那些坎坷与荆棘，最终取得辉煌的成就。

愚公的信念是务必要铲平屋前的两座高山，于是他领着子孙，一刻不停地挖山，直到后来连天帝都感动了；爱迪生怀抱发明电灯为人类照明的信念，先后找了一千多种耐热材料，反复试验了近两千次，终于制造出了世界上第一盏电灯，为人类的文明带来了跨时代的影响；中国女排的运动员们一直怀着要摘取世界冠军的信念，刻苦训练、顽强拼搏，终于插上了梦想的翅膀，摘夺了世界冠军。

一个人要想超越自我，就必须具有坚定的信念，要了解自我——认同自我——追求自我——挑战自我——实现自我——超越自我。有了顽强的信念就可以让你不抛弃、不放弃，一直坚持，直到取得成功。

把信念坚持到底

有了坚定的信念,更要有坚持下去的毅力和耐心。所谓耐心,就是能够把信心保持到足够长时间的人。其实,很多时候工作中是没有解不开的问题的,就像人们经常说的"方法总比困难多的",只要大家耐心一点,坚持下去,相信所有的问题都会解决。

耐心是人们在日常生活当中一种非常必需的心态。很多时候,人们觉得灰心,其实并不是因为问题本身太棘手,而是他自己失去了解决问题的信心,自己先投了放弃票。但是那些始终不放弃的人,总是能够在困难当中找到出路。问题的解决有时候就是这么简单,只要你始终抱着最初的信念,不要动摇,不要改变,经受住各种考验,那么成功就会到来。

《埋在雪下的小屋》是作家曹文轩笔下的一篇中篇小说,一篇催人泪下又鼓舞人心的小说。

小说中,主人公是四个孩子——大野、林娃、森森、雪丫,他们住在雪山脚下的一个村庄里。一个冬日的早晨,四个人追着一只雪白的鹿跑上山。大声吼叫产生的声波撞击着雪山,引发雪崩,在雪铺天盖地地涌来之时,他们本能地逃进旁边一幢勘察队建的小木屋,虽然暂时活下来,却被大雪深深掩埋,无法出去。

十天里,饥饿、寒冷、疾病轮番考验着他们,没有吃的东西,

只能吃雪；冷，却必须将手插入冰冷的雪中挖雪！雪崩，这种许多大人都不曾经历的灾难竟降临在四个年纪最大不过14岁，最小只有8岁的孩子身上，更令人意外的是四个孩子在这种呼天天不应，叫地地不灵的处境中，不仅顽强地活了下来，大野、林娃、森森三个男孩子，花十天时间，拿几根椅子腿做工具，用一个14岁男孩加上两个12岁男孩的力气，在坚硬又沉重的雪中挖了一条十几米的通道，逃出了黑暗世界，走向了光明和温暖。

是什么让四个孩子活下来，并依靠自己逃生？答案是坚持！如果他们不坚持，也许通道挖了一半就因疲劳和寒冷半途而废；如果不坚持，也许会在饥寒交迫的情况下昏睡过去；如果他们不坚持，就不可能活下去。

连孩子都可以做到如此坚持，但是我们很多成年人却无法做到。很多二十几岁的年轻人，刚走入社会，遇到一点点不顺和挫折，就会说"不行了，完蛋了，没希望了"。但是他们却不想用自己的信念克服心理障碍，在困难和挫折中不断锻炼和提升自己。只会在那里唉声叹气，这样的人首先自己放弃了自己，又怎么能获得成功呢？

一家公司的老总在一次开会时，给员工出了一道智力题。

题目：一个容积为3升的油桶和一个容积为7升的油桶分别盛满了油，另外有一个容积为10升的空油桶，如何不借助其他工具把这10升的油分成两个5升的盛放在这些油桶中。

"五分钟内想出办法来。"老总说。"不是死题吧？"老总刚说完就有员工举手提问。老总微笑着说："不是。"

大家开始想办法了，不到五分钟就有两个员工举手说想出来了。

老总微笑着说，先不要说出答案，等等其他的员工。五分钟时间到了，一共有四个人举手说知道答案了。

老总对其他没有想出办法的员工说，不要紧张再给五分钟。五分钟过后，还有三个员工没有想出办法。三个员工说："算了吧，不想了，看看别人的答案吧。"

老总不愿意又给那三个员工五分钟，还是有一个员工没有想出来，老总又给了这最后一个未想出办法的员工五分钟，最后，这个员工也想出了办法。

老总让最后想出办法的员工说出了答案：1. 三升油桶中的油先倒入10升油桶中，7升油桶中的油借助三升空油桶为器皿分两次倒入10升油桶中，至此三升油桶为空，7升油桶中有一升油，10升油桶有9升油；2. 将7升油桶中的一升油倒入三升油桶中，再将10升油桶中其中的7升油倒入7升油桶中，至此3升油桶中有一升油，7升油桶中有七升油，10升油桶中有两升油；3. 用7升油桶中的油注满3升油桶，然后再将3升油桶中的油全部倒入10升油桶中，至此问题搞定，7升油桶和10升油桶中各有5升油。

最后，老总微笑着说："其实，很多时候工作中是没有解不开的问题的，在方法总比困难多的情况下，只要大家耐心一点，再耐心一点，问题就会迎刃而解，从而走向成功。"

是的，只要大家有足够的耐心，所有麻烦的问题都可以迎刃而解。关键就是在于你是否能保持信心，坚持下去。世界上很多的事情的成功往往并不在于聪明，而在于耐心。

麦当劳的创始人雷·克罗克曾经说："世上没有东西可以取代坚毅的地位，才干不能，有才能而失败者比比皆是；天才不能，才华

横溢又毫无进取者不胜枚举；单靠教育不能，受过教育但潦倒终生者充斥世间；唯有坚毅与果断者能够无所不能，得到成功。"

遇到一个棘手的问题，你是否可以有足够的耐心去解决它，还是被它困扰得心神意乱，最后放弃，直接决定了你是否能够成功。

百折不挠，金石可镂

每个人的一生当中，并不是一帆风顺的，难免会遇到挫折。就看人们如何去看待它。如果你保持足够的信心，拥有克服困难和挫折的勇气，那么无论是什么挫折，都不会成为你前进的障碍。但是如果你退缩害怕，那么你的人生将永远没有进步，更不可能取得任何成就。

人们驾驭生活的技巧和主宰生活的能力，是从困境生活中磨砺出来的。和世间任何事情一样，挫折也具有两重性：一方面它是障碍，要排除它必须花费更多的力量和时间；另一方面它又是一种肥料，在解决它的过程中能够使人更好地锻炼提高。

我国古人对此早就有所认识，孟子曾经说过："天将降大任于斯人也，必先苦其心志，劳其筋骨，饿其体肤，空乏其身，行拂乱其所为，所以动心忍性，增益其所不能。"这句话也可以颠倒过来说，只有经过艰难曲折的磨炼，"斯人"才能承担"大任"。

车尔尼雪夫斯基曾说过："历史的道路不是涅瓦大街上的人行

道,它完全是在田野中前进的,有时穿过尘埃,有时穿过泥泞,有时横渡沼泽,有时径经丛林。"人在事业上的奋斗道路也并不总是洒满阳光、充满诗意,常常也会遇上沼泽、寒风或面临荆棘丛生的小道。

人生多有不如意之事,挫折可以算作生活的调料,能使我们的人生更加丰富多彩,有滋有味。面对挫折,权且把它当做命运跟我们开的一个玩笑,不妨将沮丧丢到脑后,抖擞精神,继续奋斗。

英国伟大的物理学家牛顿曾经花费十年时间撰写光学手稿,在完成的那一天,他长舒了一口气,走到户外歇息了一会儿。当他回来的时候,与他相依为命的猫从桌子上跳了下来,不慎将正在燃烧的蜡烛碰倒,点燃了放在桌子上的光学手稿,多年的心血在顷刻之间化为灰烬。牛顿伤心至极,抱起那只不知自己已闯祸的猫抚摸着。他没有惩罚那只猫,它是牛顿唯一的伙伴。牛顿并没有因此一蹶不振,而是伏案疾书,又用了五年的时间,将他的光学手稿重新写了一遍。

可见,无论是伟人还是凡人,在做任何一件事情的过程当中,都会遇到很多困难和挫折。但是伟人和凡人不同的是,伟人能够正视困难,重振旗鼓,用坚定的信心去克服困难,但是凡人却容易在困难面前退却,被困难打倒。所谓"困难像弹簧,你弱它就强",有时候遇到困难,你只有直面它,并且相信你能够解决,最后才能得到解决。一个人在工作和生活中,一切顺遂如意,一点风雨也不存在,不一定是好事。这可能预示着他的进步和发展已处在停顿不前的境地。

成功者大都起始于不好的环境并经历许多令人心碎的挣扎和奋

斗。他们生命的转折点通常都是在危急时刻才降临。经历了这些沧桑之后，他们就具有更健全的人格。

事业上的逆境是一部深奥丰富的人生教科书。它吞噬意志薄弱的失败者，而常常造就毅力超群的事业成功者。

历尽坎坷的伟大作家曹雪芹，他从原来"锦衣纨绔"、"饫甘餍肥"的贵族公子，沦为"蓬户瓮牖，绳床瓦灶"、"举家食粥酒常赊"的破落子弟。但是，巨大的挫折并没有使他气馁，窘迫的生活并没有使他消沉，反而激发了他强烈的创作欲望，他经过数十年的笔耕不辍，克服各种生活上的困难和障碍，终于写出了我国历史上最具艺术价值的小说《红楼梦》。

大凡伟大的事业都是在艰巨的磨难中完成的。"好事多磨"，"不受磨难不成佛"，说透了这个深刻的道理。一个人生活太优裕，道路太顺畅，未经磨难，未经人生路上的摸爬滚打，一旦遭到坎坷和挫折，往往会一筹莫展，驻足不前，甚至长期地沉落在苦闷之中。

恰如温室里的花朵一般，未曾经历风雨，未曾形成你的独立自主的能力，也就没有任何承受折磨的心理准备和经验积累。而一个历尽沧桑、饱经风霜的人则不同，他是在磨难和挫折里长大和成熟起来的，他已经具备了应付挫折的心理承受能力和驾驭生活的能力，面对人生事业中的大小磨难，他无所畏惧，勇往直前，凭着坚强不屈的意志，战胜挫折，取得了事业的成功和人生的幸福。

自然界不时给人生提供生动的启示，它仿佛一位饱经沧桑的哲人，为人们指点人生的迷津。马尔藤博士曾这样说，在风平浪静的湖面上荡舟，用不着多少划船技巧和航行经验，只有当海洋被暴风雨激怒，浊浪排空，怒涛澎湃，船只面临灭顶之灾，船中人相顾失色、惊恐万状之时，船长的航海能力才能被试验出来。人生也是如此，当你处于经济窘迫，生活步履维艰，事业惨淡无光之时，你才会接受考验：你是一个懦夫，还是一个勇敢坚毅的英雄好汉！

大凡杰出的人物，都产生在重重的磨难里，产生在十分恶劣的人生境况之下。在阳光和煦的温柔之乡，在充满欢声和笑语的杯盘酒盏之下，在醉生梦死的温馨的金纱帐里，不可能陶冶出杰出的人物、伟大的人生。人生的风雨是立世的训喻，恶劣的境遇是人生的老师。

二十几岁的年轻人，人生旅程刚刚启航，或许还没有经历命运的多舛，没有经受风雨的洗礼，但要有直面挫折的勇气，在挫折面前，做个打不垮的强者，才能在暴风雨的洗礼和锻炼中，不断成长，不断强大，最后成为一个真正的强者。

从哪里跌倒就从哪里爬起来

有了坚持便可以解决问题，有了坚持便能带来无穷的机会与快乐，它是一种能把幻梦化为实际的神奇力量，是使无形转变为有形过程的催化剂。

当你明白了坚持的真义，便会晓得这样的力量、这样的能力早就蕴藏在自己的身上，它不是少数那些有财有势有背景之人的专利

品，而属于所有的人，不分达官显贵还是贩夫走卒。当你手握本书时就可以支取这个力量，只要你敢于拿出主见。

请问你今天是否愿意为自己的未来作个决定？并且为这个决定坚持不懈。

让我们来回想一位极令人敬佩的年轻女士，她的芳名是罗莎·帕克斯，于1955年的某一天，她在阿拉巴马州蒙哥马利市搭乘公车，理直气壮地不按该州法律规定让位给一位白人。

她这个不服从的举动造成轩然大波，招来白人强烈的抨击，然而却也成为其他黑人效法的榜样，结果掀起了随后的民权运动，使美国人民的良知普遍觉醒，为平等、机会和正义重新界定出不分种族、信仰和性别的法律。罗莎·帕克斯当时拒绝让位，可曾想过自己会遭遇什么样的后果？她是否有什么能够改变现有社会结构的高明计划？

我们不知道，然而我们相信，她对这个社会抱有更高期许的决定，促使她采取这种大胆的行动。谁能想到这个弱女子的决定，却给后人带来如此深远的影响？

听了上面这段事迹你或许会说："我也希望能作那样的决定，可是我的命运这么悲惨，又能有什么办法？"

如果你这么自怜，那么就让我再跟你说说艾德·罗伯茨的例子。

艾德是一个很"平凡"的人，14岁时因感染小儿麻痹症而致颈部以下瘫痪，得靠轮椅才能行动，然而他却因此而有"不平凡"的成就。他使用一个呼吸设备，白天得以过正常人的生活，但晚上则有赖"铁肺"。得病之后他曾好几度几乎丧命，不过他可从不为自己的不幸伤心难过，反而自勉，期冀能有朝一日帮助相同的患者。

你知道他是怎么做的吗？

他决定教育社会大众，不要以高高在上的姿态认为肢体残疾的人无用，而应顾及他们生活中的不便处。在他过去 15 年中的推动下；社会终于注意到了残疾人的权利，如今各个公共设施都设有轮椅专走的上下斜道，有残疾人专用的停车位，帮助残疾人行动的扶手，这都是艾德的功劳。艾德·罗伯茨是第一个患有颈部以下瘫痪而毕业于加州大学柏克莱分校的高材生，随后他又任职加州州政府复建部门的主管，也是第一位担任公职的严重残疾人士。

艾德·罗伯茨的事迹是一个极佳的例子，说明了肢体上的不便并不能限制一个人的发展，重要的是他是否决定要结束这样的不便。他的一切行动只不过源自于一个单纯但有力量的决定，如果换成你，打算为自己的人生作出什么样的决定呢？

有很多人或许会说："好吧，我也愿意为将来作个决定，问题是我不知道怎么做？"只因为害怕不知道方法便不敢下决定，往往会失去实现美梦的机会，结果一生便过得平淡乏味、无声无息。在此请听我说，不知道怎么作决定并不重要，重要的是你要决心找出一个办法来，不管那是个什么样的办法。这里介绍一下"必定成功公式"，它指出了成功的基本步骤有四：第一，决定出你所要追求的是什么；第二，拿出行动来；第三，观察一下哪个行动管用，哪个行动不管用；第四，如果行动方向有偏则修正之，以能达到目标为准。

当你决定要作出某种"结果"，这就会带来一连串的行动，你要从中学习，适时地改变做法，直到得到所要的结果。只要你真有心想做出一番成绩，就必然能从行动中找出怎么去做的方法。

坚持不懈，终会成功

坚持不懈与充分的自信一样，都是取得成功的必备素质。如果你想与众不同，如果你想实现梦想，那么你要拥有的最重要的素质就是你能够有比任何其他人坚持得更久的能力。

这正如有人挖井找人，很多人挖了深浅不一的井，没有找到水就放弃了，只有一人坚持往下挖，挖得比别人都深，最后出水了。石匠敲打石块，他已经打击了几十次仍不见裂缝，可是就在第100下的时候，石块终于裂开了。那绝不是最后一击才成功的，而是前面99次所奠下的基础。

只要坚持就能见到效果，只有坚持才能走向成功。一个轻言放弃的人，是永远达不到成功的彼岸的。

新泽西—曼哈顿航运线的老板兼A—P—T卡车运输公司的总裁阿瑟·因佩拉托雷在讲到自己成功奋斗的经历时说：

我10岁那年正是经济大萧条时期的1935年，我在一辆大运货卡车上工作，每天要向100家商店递送特别食品，干12小时的工作只能挣一个三明治、一杯饮料和50美分。在没有食品送的日子里，我在街角的一家糖果店工作。一天，我在桌下拾到15美分并把它交给了老板。老板扶着我的肩膀承认，钱是他故意放在那儿的，以看看他能否信任我。后来，我一直为他工作到上完高中，我知道是我的诚实使我在美国经济最困难的时期保住了自己的工作。

在后来的年代里,我干过许多工作:侍者、停车场服务员、房子清洁工等。再后来,当我的卡车运输生意挣扎着度过四个连续亏损的惨淡之年时,我就会想起自己在糖果店学到的关于信任的一课,它是使我同别人一起工作、创建事业,并最后使我的生意成功的关键。

说起成功的经验,每个人的感触都不同,这是个性所在,而共性是他们都找到一个宝贵的人生信条,并能持之以恒地坚持下来。美国麦当劳的创始人克罗克先生曾经说过这样一句名言:"毅力才是通往成功的唯一途径。"

古人曾说:"作之不止,可以胜天。止之不作,犹如画地。"这句话告诉我们坚持下去的道理:世上的事,只要不断努力去做,就能战胜一切,取得成功。但如果停下来不做,那就会和画饼充饥一样,永远达不到目的。

这是个浅显的道理,但二十几岁的年轻人在生活中,却常常忘了它。二十几岁的年轻人都渴望成功,人人都想得到成功的秘诀,然而成功并非唾手可得。我们常常忘记,即使最简单的事,如果不能坚持下去,成功的大门也不会轻易地开启。除了坚持不懈,成功并没有其他秘诀。

年轻人常有"为山九仞,功亏一篑"的遗憾,正是因为成功在距我们一步之遥时,我们放弃了努力。浅尝辄止,遇难就退,是做事的大忌,也是人生失败的致命原因。

成功只有两条秘诀:第一,坚持到底,绝不放弃,绝不认输;第二,当你想要放弃时,就回过头来看看第一条。

　　乔吉·拉德是美国著名的推销大师，他一生推销出去了300万辆汽车，被誉为美国"汽车推销大王。"很多人都很想知道他成功的秘诀，于是就邀请他去做演讲。当时乔吉·拉德已经八十多岁的高龄了。在他上场之前，场下座无虚席，大家都急切地想知道他是如何成功的。但是演讲开始三分钟，并没有看到乔吉·拉德本人，而是看到两个身材魁梧的大力士抬着一只巨大的钟走了进来。这只钟足有一人多高，重约一吨。正在人们都出于吃惊和诧异中，纷纷猜测这个铜钟的用途时，乔吉·拉德缓慢地上了台。他一句话也没说，而是向台下观众一鞠躬，就开始从口袋里拿出一把拇指大小的锤子，对着那口大钟开始敲击。

　　台下立刻发出了一阵哄笑声，很多人觉得乔吉·拉德一定是疯了，居然会用这么小的锤子去敲如此巨大的钟，怎么可能敲得动呢？大家都以为乔吉·拉德在开玩笑。可是一分钟，两分钟，五分钟过去了，乔吉·拉德还是一言不发，不停地敲着钟。台下人开始有些不耐烦了，他们说自己是来听演讲的，可不是来看无聊的敲钟游戏的。过了十分钟，二十分钟，乔吉·拉德仍然在敲钟，台下的人有的实在坐不住了，开始离场，而且大呼上当。都认为乔吉·拉德可能疯了。但是有些观众留了下来。乔吉·拉德仍然不停地敲，半个小时，一个小时过去了，那个钟仍然纹丝不动，台下的观众已经陆陆续续走光了，只剩下几个好奇者留下来看会发生什么。

　　三个小时，四个小时，五个小时过去了，这个时候台下的几位观众吃惊地发现，那个钟在乔吉·拉德不断地敲击下，似乎有了轻微的晃动，人们不再说话，屏息观察接着会发生什么。乔吉·拉德仍然在敲。又过去了一个小时，那只大钟竟然奇迹般地在巨大的钟架上左右摇摆起来,而且越摆幅度越大,并且发出了洪亮的叮当声……这个时候,台下的观众纷纷起立,热烈地鼓起了掌。乔吉·拉德这才停下了敲钟,收起锤子,对着台下一鞠躬,之后笑着说,"这就是我成功的秘诀,那就是:坚持!"而台下的观众也纷纷明白了乔吉·拉德的用意,纷纷赞叹他真是当之无愧的推销大师。

乔吉·拉德用自己独特的方式向人们证明了,成功的最大秘诀就是持之以恒,坚持不懈。只要能坚持下去,原本看来不可能的事情都会变得可能。是的,凡是成功的人,都有一种百折不挠、勇于进取的毅力,这是一切成功之源。成功其实就是把简单的事情重复地做。能够坚持下来的人,就能创造奇迹。很多事实都证明,坚持不懈,终会成功。

很多二十几岁的年轻人觉得自己做什么事都不行,其实,并不是因为他能力不够,也不是因为他缺乏眼光和头脑,关键在于他不能坚持。遇到一点点挫折就退缩,碰到一点麻烦就放弃,眼高手低,这样无论在什么领域也是很难获得成功的。

美国海岸警卫队有一名厨师,空余时间,他代同事们给家乡的姑娘写情书,写了一段时间以后,他觉得自己突然喜欢上了写作。于是他给自己订立了一个目标:用两到三年的时间写一本长篇小说。每天晚上,大家都去娱乐了,他却躲在屋子里不停地写啊写。这样整整写了8年以后,他终于第一次在杂志上发表了自己的作品,可这只是小的豆腐块而已,稿酬也很少。他并没有灰心,相反他却从中发现了写作的乐趣,也看到了自己的潜能。

从美国海岸警卫队退休以后,他仍然写个不停。虽然稿费没有多少,欠款却越来越多了,有时候,他甚至没有买一个面包的钱。

尽管如此，他仍然锲而不舍地写着。

又经过了几年的努力，他终于写出了预想的那本书。为了这本书，他花费了整整 12 年的时间，忍受了常人难以承受的艰难困苦。因为不停地写，他的手指已经变形，他的视力也下降了许多。

然而，他成功了。小说出版后立刻引起了巨大轰动，仅在美国就发行了 160 万册精装本和 370 万册平装本。这部小说还被改编成电视连续剧，观众超过了 1.3 亿，创电视收视率历史最高纪录。这位作家获得了普利策奖，收入一下子超过 500 万美元。

这位作家的名字叫哈里，他的成名作就是我们今天经常读到的《根》。

要想成就一番事业，就得付出坚强的心力和耐性，并且在失败面前要有"再努力一次"的决心和毅力。唯有如此，成功才会有可能青睐你。而值得注意的是，你在一步步前进的时候，千万别对自己说"不"，因为"不"，也许会导致你决心的动摇，放弃你的目标，使你像大多数人那样，半途而废，前功尽弃。

有些事情，并不需要你付出多大的努力，只要你坚持不懈，就会成功。比如疯狂减肥的人，总是会失败，不但停止减肥后体重会恢复，还会对身体造成副作用。如果每天保持适当的锻炼，只要持续，反而更容易瘦下来。所以，当你确立了自己的目标后，一定要坚持不懈地去实现。不要为自己找借口，不要为外界所诱惑，也不要急于求成，只要你坚持到底，就一定会摘到成功的硕果。

第四章
二十几岁不忍耐,三十几岁没能耐

　　人生的路上,有的时候比的不是谁跑得快,而是谁跑得久。二十几岁的年轻人通常缺乏耐心,做事容易半途而废,这也成为很多人到三十岁仍然一事无成的原因。二十几岁的年轻人,刚进入社会,往往既无人脉,也无实力,大部分都是处于弱势,在这种情况下"识时务者为俊杰",凡事少开口,少辩论,多忍耐。当你具备了相当的实力和能力之后,你就无需忍耐,可以为自己争取必要的利益。如果在二十几岁的时候少冲动,多忍耐一些,那么很多人就可能成功更早一些,达到目标更快一些。

暂时忍耐，三思而行

二十几岁的年轻人刚从学校出来，一般都比较单纯，对人真诚，说什么都直来直去。可是这样的心态在社会上是吃不开的，很可能就在坏人面前暴露了自己的弱点，被坏人加以利用。

俗话说人心难测，社会上充满了各种各样的陷阱，一招不慎就可能落入了别人的圈套。做人处世应该三思而后行，尽量让自己的计划周详，这样才能避免失败。

或许有的人会说，这样不是太虚伪、太阴险了吗？但是很多时候，你不懂得忍耐，不懂得暂时的妥协，很可能就立刻成为了别人的"棋子"，任由别人摆布。

适当的忍耐和柔顺是必要的，这是为了避免不必要的麻烦和牺牲。

在现实生活当中，我们也经常会遇到各种矛盾和问题，比如说老板给你不公正的待遇，上司故意制造麻烦为难你，年长的同事会排挤你，欺负你……每当这个时候，你都不能意气用事，鲁莽地跑上前去争论，因为这样只能让你更加地被动，只能给别人加倍为难你的机会，而别人却毫发未伤。这个时候你要三思而行，想想自己的实力，想想自己的前途，暂时忍耐下来，做权宜之计。等到日后时机成熟，你有足够的人和力量去争取和反击的时候，你再拿回原本属于你的东西。

小松大学毕业，应聘到一家房地产公司做工程设计师。小松在大学期间成绩优异，尤其是工程设计，非常优秀。他的到来给公司的许多老设计师带来了危机感。于是，每当有重大的设计项目，那些老设计师都暗中动用关系，揽到自己手里，不让小松有机会施展才华，这让小松感到很苦闷。几个月下来，他本来一个优秀的设计师，却仍然做着给别人整理资料、打杂的工作。

他的一个朋友看到这种状况，看不下去了，就说："你为什么不到公司领导那里汇报你的情况，揭发那些老设计师的行为。"小松笑笑说："凭我现在的地位和身份，就算是领导相信了我，他会站在我的一边吗？到时候揭发不成，反而得罪了一批人，让他们以后更有借口报复我了。"于是，小松依然一言不发，在设计部工作着。

终于有一次，一个老设计师的设计出现了大的纰漏，令公司遭受了损失，老设计师被处罚，没有其他的设计师敢接他的设计。而小松却站出来说："我可以接手他的工作。"果然，小松在这次设计当中解决了很多工程设计上的障碍和难题，使公司顺利完工。而他的才华也得到了总经理的赏识，被提拔为设计部的主任，而那些曾经排挤他的人，却不得不在他的指挥下工作。

当你暂时遭受一些不公平和委屈时，不要立刻去到处诉苦，寻找公平。而是冷静下来，适当忍耐。要相信事情总会发生转机。在你还没有实力去为自己争取利益时，最好的办法就是忍耐。你只有保全了自己，才能寻找机会为自己争取利益和公平。如果你和别人

去硬拼，那么吃亏的只是你自己。

或许很多人会说："这样活着岂不是很窝囊。"但是你不要忘了，留得青山在不愁没柴烧，如果你一味地冲上去，和别人争论个子丑寅卯，到时候可能连工作都丢了，还谈什么抱负和理想？

二十多岁的年轻人，刚进入社会，往往既无人脉，也无实力，大部分都是处于弱势，在这种情况下"识时务者为俊杰"，凡事少开口，少辩论，多忍耐。当你具备了相当的实力和能力之后，你就无需忍耐，可以为自己争取必要的利益。

忍一时风平浪静

中国人自古以来强调"忍"的哲学，认为忍是解决矛盾争端的最好办法，忍是求得内心平静的归属。所以古人有"忍一时风平浪静，退一步海阔天空"的胸怀。

世上有许多灾祸、矛盾的起因可能都是些微不足道的小事，只因彼此针锋相对，谁也不肯吃亏，才会将问题升级，演变得不可收拾。这其中因口角之争而引发无穷祸患的例子不在少数。如果此时可以退让一步，其实是可以将祸患化于无形的。

释迦牟尼佛祖在世的时候，也曾经遭人嫉妒、谩骂。有一次，他遇到一个人，一直堵住他骂个不停。可是不管那个人骂得有多难听，释迦牟尼仍然心平气和地保持沉默，等到对方骂累了，歇下来了，释迦牟尼才问他："我的朋友，如果一个人送东西给别人，对方却不接受的话，那么那个东西是属于谁的呢?"

"当然是属于那个送东西的人啦。"那个人很不客气地回答。

释迦牟尼说："刚才你一直在骂我，可是我若是不接受这些赠礼的话，那么刚才那些骂人话是属于谁的呢?"

那个人顿时为之语塞，沉默了下来，从而也了解到自己以往的过错，并发誓以后再也不诽谤他人了。

释迦牟尼把自己的这个经验告诉弟子，要他们戒之慎之："一般人遭人辱骂后，总想回嘴报复，其实是不必要的。因为那个人总会自食其果，要想污辱别人，不但没有达到目的，反而会回报到自己身上，污辱到自己。因为当人开口辱骂别人的时候，就是在污辱着自己的修养和道德。"

所以说忍辱不是懦弱，而是智慧，愚笨的人是做不到忍辱的。宋朝学者程颐说："愤欲忍与不忍，便见有德无德。"由此可见柔忍关系到人的品德操行。

我们要和各种性格、地位的人打交道，所以要能包容各种人的各种看法、各种行为。或许某些人的性格、做法、习惯你并不喜欢，可是你不能因此就要去打击他、消灭他，置他于死地。况且别人的行为也不是以你的喜好为转移的，你看不惯别人也只是白费力气，他不会由此损失半分。

而真正理智的做法是，包容各种现象，只要对方没有触及到你的底线，没有伤害到你和周围的人，那么你就可以允许他有自己的方式。这样，你才能广交天下，获得支持。

北宋名臣吕蒙正刚任参知政事（副宰相），一天正在准备上朝时，有一位官吏躲在门帘后头说："就是这个不学无术的小子当上了参知政事呀？"吕蒙正假装没听见就走过去了。与吕蒙正同在朝班的大臣非常愤怒，下令责问那个人的官位和姓名。吕蒙正急忙制止，不让查问。下朝以后，那些大臣仍然愤愤不平，后悔当时没有彻底查问。但是吕蒙正则说："一旦知道那个人的姓名，我就一辈子也不会忘记了，始终要记着他说过我的坏话。倒不如不知道他是谁为好。这样对我来说也没有什么损失。"当时的人都很佩服吕蒙正的肚量。

我们在生活中可能遇到类似的情形，可能是别人不怀好意的侮辱，也可能是出于误解，甚至是平白无故的批评。如果我们不肯忍耐，非要计较个一清二白，那或许反而会把事情弄得更糟。

"忍一时风平浪静，退一步海阔天空。"这句流传甚广的话很多人都知道，但却不是每个人都能做到。

晋朝的朱冲家里比较穷，以耕田种地为生，但是他品行端正，为人豁达。有一次，邻居家里丢失了一头小牛，就到处去找，结果看到朱冲家里的小牛和自己丢失的小牛长得很像，就以为是自己的，要把牛牵回家里去。朱冲也没有争辩。后来，邻居在一片树林里找到了自己丢失的小牛，这才知道原来牵回的牛是朱冲的，他非常惭愧，就主动把牛还给了朱冲。

村子里还有一户人家，平时爱逞强称霸，蛮横无理。有一次，他家的牛跑出来吃了朱冲田里的庄稼，朱冲发现后把牛牵还给那户人家，既不生气也不责骂，只是好言劝他把牛关好。但过了几天，那头牛又跑到朱冲的田里吃庄稼，朱冲又像上次一样把牛牵还给那户人家。之后又反反复复发生了好几次类似的情况,朱冲始终和和气气。结果这户人家被朱冲的大度给感化,深深地自责起来,以后再不在村里横行霸道了。

我们在生活中总免不了要碰上一些不愉快的事,如果一味地争吵,往往不但不能辩出个是非黑白来,反而会平添烦恼,甚至会气大伤身体,影响健康。最常见的就是那些在公共汽车上,因为拥挤而引起的摩擦和口角,不仅让当事人心情恶劣,同时也影响周围人的情绪。其实只要彼此都礼貌一些,容忍一些,退让一些,事情就不会变得那么让人烦恼了。

忍一时之气才能成大器

有的人遇事喜欢硬碰硬,喜欢冲动,似乎不如此就不足以表现自己的刚正、愤慨和勇气。但是事实上,有时候忍耐一分委婉一点,反而更容易达到目的。

做人处世是要讲究策略的,柔忍之道不可不学。

晏子是春秋时的齐国人,他其貌不扬、身材矮小,看上去毫不起眼。但是他才高八斗,机智灵活,举国上下没有几个人能比得上他。他凭借着三寸不烂之舌和满腹经纶很快就在国中取得了尊贵地位。

齐王非常信任这位能干的国卿，对他委以重任。一次，晏子奉齐王之命出使楚国。楚国在当时实力雄厚，比齐国要强大。楚王本来就没有把其他国家放在眼里，又听说晏子长得矮小，就对齐国更加轻视。

楚王一心想把晏子奚落一番，于是安排了一个计划。当晏子驾驶着马车来到宫殿门口准备晋见楚王时，两旁的侍卫按照楚王的意思，把晏子请下马车，领着他来到狭小的几乎弯腰屈膝才能进去的侧门前，说："我们楚王恭请你从这里进去，他已恭候多时了！"

晏子一看就明白了楚王的意图。他忍住怨气，转身走向正门。侍卫立即把他挡在门外，说："你怎么能从这个门进去呢！请从那边走吧！"

晏子义正词严地说："拜访人国，理所当然走大门。那边的门充其量是个狗门，我不明白你们强烈要求我走狗门到底是什么意思？莫非贵国是'狗国'吗？"

守卫士兵一听，无言以对，知道来者不是平平之辈，只好放行。

楚王看到自己一计不成，于是又生一计。他看见晏子得意洋洋地走上殿堂，不顾身份，当着各位大臣的面，尖刻地问："真没有想到你们齐国竟然连一个像样的人都找不出来！怎么派了你这么一个矮个子来拜访。"

晏子听后，笑着说："大王有所不知！我们齐王素来注重邦交礼仪，在派遣使者出访别国时有很多讲究，其中有个规定就是：贤能的人拜会贤能的国君，庸俗的人就拜会昏庸无能的国家。大王也觉得我无德无能吧？但是能前来拜访大王，还是我求了好半天，齐王才勉强答应的呢！"楚王和大臣一听，立刻觉得颜面无存。

第二天，楚王假意盛情邀请晏子到前厅饮酒说话。正在说话之间，有几个威猛的士兵押着一个五花大绑的罪犯从厅前走过。楚王故意高声问："你们押的是何人，犯了什么罪啊？"士兵恭恭敬敬地回答道："回大王，此人是从齐国来的，在我国偷了别人的财物。"犯人连忙跪下求饶说："大王饶命！我下次再也不敢了！"楚王斜视着晏子说："没有想到你们齐国还盛产盗贼，竟然偷到我楚国来了！"

晏子反唇相讥："橘生淮南为橘，橘移淮北为枳，前者香甜，后者涩苦。之所以这样，就是因为生长的环境不一样。我看不是齐国盛产盗贼，而是你治理的国家盛产适合盗贼生长的土壤吧！否则，这个人在齐国安守本分，怎么到了楚国却知法犯法、铤而走险呢？"

这下楚王无言以对，他领教了晏子的厉害，从此再也不敢刁难他了。

面对别人的恶意攻击，单凭一时之气反击，多半反而会遭受更大的侮辱，倒不如巧妙地用计谋回击，以柔忍机智来维护自己的尊严。当然一味地躲避和忍让也是不行的，那只会让自己陷入被动局面，让对方得寸进尺。

蔺相如是战国时赵国的宰相，最初他只是宦官头目缪贤手下的门客，后来因为有胆识而被缪贤举荐给赵惠文王，出使秦国。此行的目的，就是迫于秦王的压力，而无奈拿出赵国的和氏璧去换取秦国的十五座城池。

蔺相如知道秦王是想不花任何代价就白白占有赵国的和氏璧的。于是，他针对秦王的贪婪之心，有的放矢，以视死如归的大无畏精神，在秦廷上据理力争，终于不辱使命，完璧归赵。两年后，在渑池之会上，又是蔺相如的寸步不让，维护了赵国利益。赵王很感激蔺相如，因此，在回国之后，就封蔺相如为上卿。

但老将廉颇对蔺相如仅凭三寸不烂之舌就获得超过他的地位十分不满，扬言要找机会羞辱蔺相如。蔺相如知道后，以大局为重，处处避让廉颇。蔺相如的门客都觉得他太软弱可欺，十分不满，纷纷要离他而去，蔺相如劝阻门客们说："诸位看廉将军同秦王比，哪个势力大呢？"众人说："当然是秦王。"蔺相如说："请大家想一想，秦王那么厉害，我却敢在朝堂上当众呵斥他，难道会害怕廉将军吗？但我认为，秦国之所以不敢侵犯我国，就是因为我和廉将军在，要是我和廉将军为私人意气争起来，就好比二虎相斗，必有一伤。我所以要这样做，是先顾国家危难，后计个人恩怨啊！"

门客们听完后，感到十分惭愧，因此对蔺相如更加尊敬。后来，蔺相如的这些话辗转传到廉颇那里，廉颇听到后，心里非常愧疚，立即解衣露膊，负荆请罪。两人终于和好，成为誓同生死的朋友。而在很长一段时间里，其他诸侯国都不敢小觑赵国。

由此可以看出，胸怀全局的人才会不计较一时的得失和个人利益，有时还会为此作出牺牲。正因为如此道，最终获益的是国家和社会，而个人自然也会得到益处。这种策略不仅是为人处世之道，也是治世之大道。

胸怀宽广,以退为进

在如今的生活中,人们都只想到去争取、去进步,往往为了一点蝇头小利争得面红耳赤,但是人们并没有想到,其实"争"最好的办法是"不争","进"最好的办法是"退"。在和别人发生利益冲突或者矛盾的时候,你退一步不仅仅可以避免矛盾和争执,反而会让别人更敬畏你,更尊重你。可以说"进"是一种态度,"退"是一种策略,一种技巧。

在安徽省桐城市的西南一隅,有一条全长约180米、宽2米的巷道,当地人称之为"六尺巷"。

据作家姚永朴《旧闻随笔》和《桐城县志略》等史料记载:清朝名臣张英便住在这里,张英历任礼部侍郎、兵部侍郎、工部尚书、翰林院掌院学士、文华殿大学士、礼部尚书等职,名声显赫。但是让张英真正出名的原因却是"一墙之争"。

当年张英家和一户姓吴的人家比邻而居,房屋之间有块空地被吴家给占用了,张家的人就送信给张英,让他出面干预。张英看罢来信,就写了首诗给家人,诗上说:"一纸书来只为墙,让他三尺又何妨。长城万里今犹在,不见当年秦始皇。"家人见书明理,遂撤让三尺,吴家见此情景深感惭愧,亦退让三尺,这样张吴两家之间就形成了六尺宽的巷道,后人称为"六尺巷"。

张英轻启朱毫，四两拨千斤，简简单单的几句诗，就化解了原本剑拔弩张的邻里矛盾，为时人亦为后人作出了谦逊礼让、与人为善的绝好榜样。可想而知，如果没有张英的那句话，双方为了一堵墙大打出手，结果不但是不能让对方退让，反而会两败俱伤。

马尔辛利刚任美国总统时，指派某人做税务部部长，当时有许多政客反对此人，他们派遣代表前往总统府进谒马尔辛利，要求他说明委任此人的理由。派去的代表是一位身材矮小的国会议员，他脾气暴躁，说话粗声粗气，开口就把总统大骂了一番。马尔辛利却不吭一声，任凭他声嘶力竭地骂着，等他停下来了才和气地说："你讲完了，怒气该可以平息了吧？照理说你是没有权利来这样责问我的，不过我还是愿意详细地给你解释。"

几句话说得那位议员羞惭万分。但总统不等他表示歉意，就和颜悦色地对他说："其实也不能怪你，因为我想任何不明真相的人，都会对这件事很生气。"接着，他便把理由一一解释清楚。

其实不用马尔辛利再解释什么，那位议员就已经被总统的气度所折服，他心里很懊悔，不应该用这样恶劣的态度来责备一位和善的总统。因此，当他回去向同伴们汇报时，只是说："我记不清总统的全部解释，但有一点可以肯定，那就是——总统的选择并没有错。"

如果马尔辛利也一样大发脾气，那无疑不能达到这样的效果，反而会使矛盾激化。欲制服一个大发脾气的人，再没有比"忍气吞声"更具妙处的了。古人说："忍气饶人祸自消。"要想处理好人际关系，减少行事中的障碍，退让忍耐是必不可少的。

在日常生活中，很多年轻人意气用事，心理脆弱，往往受不得一点委屈：当别人无理时，他们就以更无理的方式对待；当别人粗鲁时，他们就会以更粗鲁的方式反击，"针尖对麦芒"，不肯后退半步。其实这种方式很不可取，只会使矛盾更加激化，结果双方你来我往，斗得不可开交，白白浪费了精力。

但是真正有智慧的人说话往往善于"打太极"，懂得用"软语"去化解矛盾，总是以最小的代价轻松地将矛盾化解。

一天上午，一位美国人突然气势汹汹地闯进上海某饭店的经理室："你就是经理吗？我刚才在大门口滑倒摔伤了腰。地板这么滑，连个防滑措施都没有，太危险了。马上领我到医务室去。"

见此情形，经理很客气地说："这实在抱歉得很，腰部不要紧吧？马上就领您到医务室，请您稍坐一下。"

美国人坐在椅子上，继续抱怨不停。饭店经理见对方已经镇定下来，便温和地说："请您换上这双鞋，已和医务室联系好了，现在我就领您去。"

早在美国人闯进来时，经理已经看清他的腰部没有多大问题。所以当美国人离开经理室后，经理就把换下的鞋悄悄交给一位服务员说："这双鞋后跟已经磨薄了，在我们从医务室回来以前把它送到楼下修鞋处换上橡胶后跟。"

检查结果，果如所料，未发现任何异常，那人也完全冷静下来，随后一同回到经理室。经理说："没什么异常比什么都好，这就放心了。请喝杯茶吧！"

美国人也感到自己方才太冒失了："地板太滑，太危险，我只是想让你们注意一下，别无他意。"

经理说："很冒昧，我们擅自修理了您的鞋，据鞋匠说，是后跟

磨薄才致打滑。"

这位美国人接过刚刚修好的鞋，看到正合适的橡胶鞋跟时，对高超的技巧大为惊讶，便高兴地说道："经理，实在谢谢您的厚意，对您给予的关怀照顾我是不会忘记的。"于是，愉快地握手后，美国人再次向经理道谢，方才走出经理室，经理送他出门时说："请您将这件滑倒的事忘掉吧，欢迎您再来。"美国人频频道谢，消失在人群中。从此，只要这个美国人到上海，必定住进这个饭店并到经理室致意。

这位美国人最后之所以能够满意而去，就在于这位经理能够在抱怨面前保持理智、顺着对方的意见，并用柔和的语言和切实的行动把这位美国人的怨气化解于无形之中，从而制止了事态的扩大。

有时，人难免因一时糊涂做一些不适当的事。遇到这种情况，就需要把握指责别人的分寸：既要指出对方的错误，又要保留对方的面子。这种情况下，如果分寸把握得不当，或者会使对方很难堪，破坏了交往的气氛和基础，并带来一系列严重的后果；或者让对方占"便宜"的愿望得逞，给自己造成不必要的损失。

有一个商场营业员，遇上一位中年男子要退一只电热壶。

那壶已经用得半旧半新了，他却粗声粗气地说："我用了一个多月就坏了，这是什么货？你再给我换一只！"

营业员耐心解释，他却大吼大叫，并且满嘴脏话，说什么："我来了你就得给退，光卖不退算什么！"

这个顾客粗俗的语气，蛮不讲理的神态，使得周围的人都极为气愤，都盼着那名营业员给他点颜色瞧瞧，教育教育他，让他以后做事不要那么狂。

那名营业员虽然占理,但为了不使争吵继续下去,更何况无论什么理由与顾客争吵不休都是经商大忌,便温和地对那位中年男子说:"先生,这个壶已经用了一段时间了,又没有质量问题,按我们这儿的规定是不能退的。可是你执意要退,要不这样吧,你把它卖给我吧。"

就在营业员掏钱的时候,那个粗暴的顾客觉得不好意思了,于是给自己找了一个台阶说:"我明天再过来。"一会儿便默不作声地离开了。

现实生活中,人们普遍存在着吃软不吃硬的心态。特别是性格刚烈、很有主见的人,你如果说"硬"话,比如以命令的口吻,对方不但不会理睬,说不定比你更硬;你如果来"软"的,对方反倒产生同情心,纵使自己为难,也会顺从你的要求。

其实生活当中,很多争吵的源头都是一些小事。但是这些小事处理不好,便会引发巨大的矛盾。这个时候,我们不妨换种思维,暂时退却,让对方感到难为情,之后再顺势而下,打败对方。这样不费一兵一卒,就可让对方低头,获得你最初的利益。

现在的年轻人,很多容易以自我为中心,不懂得退让,不懂得协作,因此往往让自己身心疲惫,而且毫无所获。如果年轻人能学会宽大为怀,以退为进,就能够避免很多不必要的争论,赢得真正的胜利。

外圆内方，刚柔并济

做人处世，无刚不立，但过刚则易折。如何克服这一矛盾呢？外圆内方是个不错的选择。也就是说为人要品性刚正，但又要讲究谋略，如此才是做人的至高境界。

"方"，方方正正，有棱有角，指一个人做人做事有自己的主张和原则，不被外人所左右。"圆"，圆滑世故，融通老成，指一个人做人做事讲究技巧，既不超人前也不落人后，或者该前则前，该后则后，能够认清时务，使自己进退自如、游刃有余。

一个人如果过分方方正正、有棱有角，必将碰得头破血流；但是一个人如果八面玲珑、圆滑透顶，总是想让别人吃亏，自己占便宜，也必将众叛亲离。因此，做人必须方中有圆，圆中有方，外圆内方。

外圆内方的人，有忍的精神，有让的胸怀，有貌似糊涂的智慧，有形如疯傻的清醒，有脸上挂着笑的哭，有表面看是错的对。

"方"是做人之本，是堂堂正正做人的脊梁。人仅仅依靠"方"是不够的，还需要有"圆"的包裹，无论是在商界、仕途，还是交友、情爱、谋职等等，都需要掌握"方圆"的技巧，才能无往不利。

"圆"是处世之道，是妥妥当当处世的锦囊。现实生活中，有在学校时成绩一流的，进入社会却成了打工的；有在学校时成绩二流的，进入社会却当了老板的。为什么呢？就是因为成绩一流的同学过分专心于专业知识，忽略了做人的"圆"；而成绩二流甚至三流的同学却在与人交往中掌握了处世的原则。正如卡内基所说："一个人的成功只有15%是依靠专业技术，而85%却要依靠人际关系、有效说话等软科学本领。"

真正的"方圆"之人是大智慧与大容忍的结合体，有勇猛斗士的威力，有沉静蕴慧的平和。真正的"方圆"之人能对大喜悦与大悲哀泰然不惊。真正的"方圆"之人，行动时干练、迅速，不为感情所左右；退避时，能审时度势、全身而退，而且能抓住最佳机会东山再起。真正的"方圆"之人，没有失败，只有沉默，是面对挫折与逆境积蓄力量的沉默。

在强大的对手高压下，在面临危机的时候，采取藏巧于拙、装糊涂的样子，往往可以避灾逃祸，转危为安。面临险境，或遇到突发事件却装傻看呆。这比临危不惧和视死如归的壮烈要明智得多。留得青山在，不怕没柴烧，以拙诚与对手周旋，确实不失为一种高明之术。

《三国演义》中有一段"曹操煮酒论英雄"的故事。当时刘备落难投靠曹操，曹操很真诚地接待了刘备。刘备住在许都，在衣带诏签名后，为防曹操谋害，就在后园种菜，亲自浇灌，以此迷惑曹操，放松对自己的注意。

一日，曹操约刘备入府饮酒，谈起以龙状人，议起谁为世之英雄。刘备点遍袁术、袁绍、刘表、孙策、张绣、张鲁，均被曹操一一贬低。曹操指出英雄的标准——"胸怀大志，腹有良谋，有

包藏宇宙之机、吞吐天地之志。"刘备问："谁人当之？"曹操说："天下英雄惟使君与我。"刘备本以韬晦之计栖身许都，被曹操点破是英雄后，竟吓得把匙箸丢落在地下，恰好当时大雨将至，雷声大作。曹操问刘备为什么把筷子弄掉了？刘备从容俯拾匙箸，并说："一震之威，乃至于此。"曹操说："雷乃天地阴阳击搏之声，何为惊怕？"刘备说："我从小害怕雷声，一听见雷声只恨无处躲藏。"

自此曹操认为刘备胸无大志，必不能成气候，也就未把他放在心上，刘备才巧妙地将自己的惶乱掩饰过去，从而也避免了一场劫难。刘备在煮酒论英雄的对答中是非常聪明的，他用的就是方圆之术，在曹操的哈哈大笑之中，才免去了曹操对他的怀疑和嫉忌，从而最后才能如愿以偿地逃脱虎狼之地。这正是"鹰立似睡，虎行似病"。

清代的张之洞为官几十载，两袖清风，真正是"出淤泥而不染，濯清涟而不妖"，同时他又纵横捭阖，叱咤风云，在晚清黑暗腐败的官场里入阁拜相，成为一代名臣。

张之洞的成功，不仅是源自他的学识，还得益于他做人老道，进退有度，刚柔并济。

张之洞是一个成熟老到的政治家，他老谋深算，进退有术，处处为自己留下退路。他不结宗派、树私党，常常标榜自己"立身立朝之道，无台无阁，无湘无淮，无和无战"，"既和又不能同，既群又不能党"。在从政之中，由于政见趋同，很自然地会有至交好友。众所周知，当初在京纵论时政时，张之洞附着李鸿藻这样的阁臣，成为清流党的"牛角"，而且在1876年底至1881年的四年多时间里，其笔锋所向、触角所至，也无可辩驳地显示他是清流党的重要成员，但他却时时处处竭力否认自己是清流党。

在被人视为"清流党"的头面人物中，张佩纶、陈宝琛等人招怨最多，而张之洞确乎遭人攻讦不多，这正是因为他这个"清流党"重在言事而少言人。张佩纶、陈宝琛，今天弹劾这个，明天弹劾那个，积怨甚多。而张之洞即使对自己的政敌也是虚与委蛇，尽管他纵横捭阖，但尽量不贸然得罪他人。慈禧重用张之洞，本有分李鸿章之势的用心，避免李鸿章集大权于一身。张之洞虽然与李鸿章在很多方面意见不一致，如甲午之战时，李鸿章主和，张之洞主战，李鸿章视张之洞为"书生之见"。但张之洞表面上还是表现出对李鸿章的极大推崇，据说当李鸿章七十寿辰时，张之洞为他做寿文，忙活了两天三夜，这期间很少睡觉。琉璃厂书肆将这篇寿文以单行本付刻，一时洛阳纸贵，成为李鸿章所收到的寿文中的压卷之作。张之洞如此处理与李鸿章的关系，显然包含着深刻的外圆意识。

他的外圆谋略还表现在对光绪帝废除与否的问题上。戊戌变法之后，张之洞鉴于西太后的威严，对废除光绪皇帝之事一直不表态，总是含糊其辞，既不明说支持，又不明说反对，常常推说这是皇室家事。从他对这件事的态度上，更可看出张之洞的聪明老练、圆滑狡黠。正是因为张之洞做人的成功，他才能在官场上既如鱼得水，又出污泥而不染，既能让朝廷赏识自己，又运筹帷幄为百姓办实事，成为名震中外的"圣相"。

当时清流党中的张佩纶、邓承修等人受一系列直谏成功的鼓舞，热血奔涌，愈加放肆。他们纷纷上疏，弹劾一系列贪污受贿或昏庸

误政的官员。而张之洞并不欣赏他们的这些做法，他认为一个人如果一味刚直、锋芒毕露、咄咄逼人，不仅容易惹火烧身、招致祸端，而且常常有性命之忧。那种逞血气之勇、图一时痛快的做法，绝非智者所为。身处你死我活、激烈竞争的官场漩涡之中，谁敢说自己能够永远做官场上的不倒翁？

柔与忍的做人哲学在张之洞的身上得以充分地体现，其运用之精妙令人赞叹。

古往今来，有许多自诩机敏之士于风雨飘摇中遭遇不幸，这往往是因为他们不懂得左右逢源、圆滑处世，且行为脱俗、锋芒毕露而招惹嫉妒。如果能学会外圆内方，以柔忍之术做人，想必就不会那样不幸，而是可以更好地展现才华，为国为民尽心尽力了。

总之，人生在世，运用好"方圆"之理，必能无往不胜，所向披靡；无论是趋进，还是退止，都能泰然自若，不为世人的眼光和评论所左右。

第五章
二十几岁不变通，三十几岁无出路

梁启超在《少年中国说》中提到"变则通，通则达，达则久"。变是万事万物存在的根本，任何事物莫不是在不断的变化中实现了自我更新和发展。绝对不变的事物是不存在的。不变意味着倒退，不变意味着衰落。二十几岁人生还未定型，是重要的转折期和过渡期。这个时候，事业、婚姻、生活态度都还没有形成，还可以改变。可是如果过了三十岁，一切都已经定型的时候，再要改变那就十分困难了。所以二十几岁要变通，三十几岁才有出路。

停滞不前就是一种失败

二十几岁是人生的转折时期，而到了三十几岁，事业、婚姻、生活态度等，这一切都已经定型，不再那么容易改变了。也就是说，如果你二十几岁不改变，到了三十几岁，再来改变已经为时过晚了。决定人一生命运的，是心态、习惯、细节和机遇，这些因素在二十几岁的年轻人里显得更为重要。

二十几岁的人生舞台已经不再是排练，而是真正的表演。面对现实的矛盾和犹豫不决，其实是在吞噬着你的年轻的灵魂和未来。慎重地作出选择，方能成就自己。

如果你的目标只是安安稳稳地过一辈子，那么走到人生的尽头也享受不到真正成功的快乐和幸福的滋味。心态中只有"守"，裹足不前，有朝一日已有的小小地盘也可能混丢了。在激流湍急的生活中，一定要记住停滞就是失败。

平凡的人之所以没有大的成就，就是因为他太容易满足而不求进取，他一生只会盲目地工作，挣取足够温饱的薪金。但是追求成功的人，就绝不是这样，他会尽力寻求对自己现状不满足的地方，以发现自己的缺点，并加以改进。不满足，是进步的先决条件，不满足才能锐意进取，才能在人生中找到成功的路。有些人心里常这样想："我现在的生活充满喜悦和满足，以后要怎么做才能维持目前的这种状态呢？"这种自守的心态终究会使你永远停滞不前。

谭盾是一个喜欢拉提琴的年轻人，可是他刚到美国时，却必须到街头拉小提琴卖艺来赚钱。非常幸运，谭盾和一位认识的黑人琴手一起，抢到了一个最能赚钱的好地盘——即一家商业银行的门口。过了一段时间，谭盾赚到了不少卖艺的钱后，就和那位黑人琴手道别，因为他想进入大学进修，也想和琴艺高超的同学相互进行切磋。于是，谭盾将全部的时间和精力投入到了提高音乐素养和琴艺中……十年后的一天，谭盾路过那家商业银行，发现昔日的老友——那位黑人琴手，仍在那"最赚钱的地盘"拉琴。当那个黑人琴手看见谭盾出现的时候，很高兴地说道："兄弟啊，你现在在哪里拉琴啊？"

谭盾回答了一个很有名的音乐厅的名字，但那个黑人琴手反问道："那家音乐厅的门前也是个好地盘，也很赚钱吗？"他哪里知道，现在的谭盾，已经是一位国际知名的音乐家，他经常应邀在著名的音乐厅中登台献艺，而不是在门口拉琴卖艺。

我们会不会像那位黑人歌手一样，死守着最赚钱的地盘不放，甚至沾沾自喜、洋洋得意呢？你的才华、潜力、前程，会困死，守着"最赚钱的地盘"而白白断送掉。在激流湍急的生活中，一定要记住：停滞就是失败。

有些人对现状心满意足，一心一意想要继续维持下去。然而，"要维持现状"这种观念是采取"守"的态度，终究只是一种消极的态度，没有积极向前的动力，成长便会停顿。不要满足于现在的自己，要求更好，时时努力超越自己，才能创造一个更美好的人生。

失败的人有失败的心态，成功的人有成功的心态，心态影响思

想，思想影响行为，这是一连串的因果效应。求发达，自然也要有强烈的发达心态，要发达就要想发达，连想发达的心态都没有是不可能成功的。

"只要能安稳地过一辈子就行了。""只要生活过得去就好，不必过于苛求。"如果你有了这种念头，只能过一种安稳单调的生活。

英国新闻界的风云人物，伦敦《泰晤士报》的老板来斯乐辅爵士，在刚进入该报时，就不满足于90英镑周薪的待遇。经过不懈的努力，当《每日邮报》已为他所拥有的时候，他又把取得《泰晤士报》作为自己的努力方向，最后他终于猎狩到他的目标。

他一直看不起生平无大志的人，他曾对一个服务刚满三个月的助理编辑说："你满意你现在的职位吗？你满足你现在每周50镑的周薪金吗？"当那位职员答复已觉得满意的时候，他马上把他开除，并很失望地说："你应了解，我不希望我的手下对每周50镑的薪金就感到满足，并为此放弃自己的追求。"

凡有过成功体验的人都知道，一切都会过时，创新才是出路。美国石油大王保罗·盖蒂说："真正成功的人，本质上是一个持异的叛徒，也极少满足于维持现状。"如果你住茅草屋就满足了，一辈子也不会拥有花园洋房；如果你当小职员就满足了，永远也不会升到独当一面的位置。条件允许的话，体验一下"成功人士"的生活，树立起奋发向上的心态。

有个年轻人，从小成绩优异，大学毕业后去了上海，找了个好工作，生活得很好。有一次一个同学到上海出差顺便去看他，他带同学到锦江饭店去用餐。同学对他说："都是老同学了，随便找个地方吃点算了。"他看出了老同学的意思，便说道："我不是打肿脸充胖子,到这地方来对你对我都有好处。"老同学不解地问:"为什么?"他说:"只有到这地方来,你才知道自己包里的钱少,你才知道什么是有钱人来的地方,才会刺激自己努力改变现状。总去小吃店,你就永远也不会有这种想法,我相信只要努力,总有一天我会成为这里的常客。"听了他的话同学深有感触。

他的话不一定对,但他那种一定要发达的生活态度却是值得学习的。一些人之所以一辈子碌碌无为,直到走到人生的尽头也没有享受到真正成功的快乐和幸福的滋味,就是因为他们安于现状,不敢冒险,从来没有更上一层楼的信心。茫茫世界风云变幻,漠漠人生沉浮不定,而未来的风景却隐在迷雾中,向那里进发,有坎坷的山路,也有阴晦的沼泽,深一脚浅一脚,虽然有危险,但这却是在有限的人生道路上通往成功与幸福的捷径。

二十几岁的年轻人,刚走上社会,一方面要通过学习和实践不断增长智慧,另一方面还要继续保持身上的"安分因子"。谨慎小心虽是一种优秀的品质,但裹足不前,安于现状,只能让你在当今瞬息万变的社会中被淘汰出局。

勇于突破,敢于尝试新的体验

年轻就是本钱,年轻就是尝试。年轻人应该趁自己富有激情和活力的时候,敢于尝试,敢于突破,去体验各种刺激和惊险,才不

愧为一个充满了内容的人生。许多二十几岁的年轻人，做事情总是前怕狼，后怕虎，担心这个，忧虑那个，自己吓自己。当别人都进步了，他仍然在原地瞻前顾后，裹足不前，浪费了许多好的时机。这就是很多人没有成就的原因。

许多能做大事的人，在他们心目中也并没有许多明确的目标，相反却是变动得非常快，有时甚至连目标是什么都不知道。他们只是不断地去尝试新的事物，大胆接受新的信息，直到对自己所作的选择有所把握为止。

对台湾的企业家廖镇汉来说，打造微风广场，不但塑造了台湾百货业新风貌，也是人生的重要历练。当年面对隔壁百货业龙头老大SOGO的威胁，廖镇汉不甘示弱，他心里只有一句："不拼，怎么知道不行！"让大家跌破眼镜的是，第一年他就让商场获利，营业额超过60亿元，廖镇汉用微风的营运成绩，证明自己不再是商场的初生牛犊。廖镇汉脑筋动得快，虽是市场新兵，但很会参考别人的经验，因此生出不少新点子。重点是，他敢放手大胆去做。他常说："不试怎么知道？只要有1%的机会，我就去做。不做，永远都不会有，做了至少还有成功的机会。"廖镇汉自负地说，就像十多年前，在众人都不看好的情况下，他咬紧牙关，不服输地从无到有打造了微风广场。

有成功潜质的人，永远在不断地改善自己的行为、态度和自己的人格，他们总是希望更有活力，总是希望产生更大的行动力。相比之下，很多人饱食终日，无所用心，不做运动，不学习，不成长，每天在抱怨一些负面的事情，日子就这么一天天混过去了。不前进，就意味着后退，只有积极行动，才能使我们在激烈的竞争中获得一个更为有利的位置。网易的创始人丁磊说："人生是个积累的过程，你总会摔倒，但即使跌倒了，你也要懂得抓一把沙子在手里。"

衡量一个人成功与否，与金钱无关，与年龄无关，关键在于你是否能够抱有理想，你是否勇于进取。大学毕业后，丁磊回到家乡，在宁波市电信局工作。电信局旱涝保收，待遇不错，但丁磊觉得那两年工作非常辛苦，同时也感到一种难尽其才的苦恼。1995年3月，他准备从电信局辞职，遭到家人的强烈反对，但他去意已定，一心想出去闯一闯。他这样描述自己的行为："这是我第一次开除自己。人的一生总会面临很多机遇，但机遇是有代价的。有没有勇气迈出第一步，往往是人生的分水岭。"他选择了广州。初到广州，走在陌生的城市，面对如织的行人和车流，丁磊越发感到财富的重要性。最现实的是一日三餐总得花钱吧？也不可能睡在大街上成为乞丐吧？不知道去过多少公司面试，不知道费过多少口舌，凭着自己的耐心和实力，丁磊终于在广州安定了下来。1995年5月，他进入外企Sebyse工作。1997年5月，丁磊决定创办自己的网易公司。此后，在中国IT业，丁磊成了举足轻重的人物。自从2001年年底推出《大话西游》以来，网易已经从网络游戏领域的"小人物"变成该领域的巨头之一。

事实证明，尽管网络游戏市场竞争激烈，网易的投入还是获得了很好的回报。

一个人想要实现自己的目标，除了勤奋之外，就是要积极进取和创新。丁磊能在信息产业中站稳脚跟不是偶然的，从创业到现在，他每天都在关心新的技术，密切跟踪互联网新的发展，每天工作16个小时以上，其中有10个小时是在网上。他的邮箱有数十个，每天

都要收到上百封电子邮件。他认为，虽然每个人的天赋有差别，但作为一个年轻人，首先要有理想和目标。他本人就在技术方面爱动脑筋，有聪明之处，但如果没有积极进取的态度，没有在技术方面不停地摸索，也不会有熟能生巧的本领和创新。

年轻的朋友也许会以为，创造价值神话的时代已经过去，先行者已经占据了有利的地形，留给无名小辈的机会已越来越少。其实能否自我突破，更注重的是一种心理体验，在日常工作生活中，随时都会有新的障碍考验你的冲劲儿。

王林毕业于某财贸学校，被聘为某公司会计。因为他在应聘时说自己有两年工作经验，所以主管直接指派他做会计。其实他连一天工作经验也没有。一接触到实际工作，他才发现学校学的那点东西远远不够，连有关会计科目都理解不清，怎能做账？但他坚信自己能完成工作。他每天加班到凌晨三点，查阅以前的会计账，并参考有关书籍，边学边做。十天后，王林按时完成了工作，并发现自己在处理会计账目时，也不比老会计差。

阿平是某名牌大学的毕业生，参加工作后，很想干出一些令人刮目相看的成绩来，以体现名牌大学毕业生的真正价值。但是，接触到实际工作后，他总觉得自己有所欠缺，对完成任何事都没把握，或者专业知识不够完善。因此，他从不敢大胆承担棘手的任务，生怕做不成，有失身份。久之，上司对他失去了信心，将他当成一个打杂的人，只交给他一些简单的工作。阿平也对自己失去了信心，怀疑自己只适合当学生，不适合在社会上混。正当阿平为何去何从的问题犹豫不决时，一位新上司代替了原来的上司。新上司对阿平说："不要找那些不能完成的理由。如果什么事都等到十拿九稳才去干，那就什么事也干不成。行动吧，行动产生奇迹。"对阿平来说，这是一个良好的开端。一年后，他成了这家公司最优秀的职员。

当你遇上害怕做的事情时，只要敢试一试，就会觉得并没有什么，也没有你原先想象得那么可怕。怕了一辈子鬼的人，一辈子也没见过鬼，恐惧的原因是自己吓唬自己。世上没有什么事能真正让人恐惧，恐惧只不过是人心中的一种无形障碍罢了。不少人碰到棘手的问题时，习惯设想出许多莫须有的困难，这自然就产生了恐惧感，遇事你只要大着胆子去干时，就会发现事情并没有自己想象得那么可怕。

有时候，我们不敢学外语，不敢学小提琴，不敢下水学游泳，不敢在课堂上提问，不敢上台讲演，明知这件事不对也不敢说个"不"字，等等。这种种不敢，其实都是我们自己给自己设下的无形的障碍！也正是这种无中生有的无形障碍，使我们裹足不前，错过了许多我们本来应该去做，而且能够做好的事。要记住，在尝试新事物的过程中肯定有输有赢，但你如果什么都不敢去做，那就是自动投降，就会一输到底。

不要在轻松的环境里待得太久

现在的很多年轻人，一心渴求安逸的生活，希望自己能有一份轻松但高薪的工作，一个安逸的生活环境，每天舒舒服服地过日子。

但是事实上轻松的环境并不适合你的成长，更不适合你发挥自己的潜力，实现自己的价值。

轻松的环境看起来是个养人的好地方。但它充其量只是一个"舒适的温棚"而已，没有危险，也没有自己的发展空间，表面的平静之下，其实隐藏着巨大的危机。"80后"的年轻人，所面临的温室式的生活模式，最能弱化一个人的能力，限制一个人的发展。

人很容易受到环境的影响。人的天性中本来就有喜爱安逸、享受舒适的惰性。许多少年时满怀壮志、朝气蓬勃的人，最后之所以一事无成，大部分都是因为在安逸的生活、工作环境中待久了，渐渐地失去了斗志，缺少走出去为事业拼搏的勇气。再加上舒适的环境缺少激烈的竞争，人的思维能力和机变能力也渐渐地迟钝，失去敏锐性，最终，只能成为环境的奴隶，庸庸碌碌地走过一生。

如今的年轻人，虽然处在一个充满了变化和竞争的时代，可是每个人的经历还是相对单纯的。大多都是先在学校读书，然后进入社会工作，再建立起自己的小事业、小家庭，之后退休，拿着退休金生活——这种温室式的生活模式，看似理想，但是却会弱化一个人的能力，限制一个人的发展。

有一个单位办公室门口摆着一个挺大的鱼缸，鱼缸里放养着十几条产自热带的杂交鱼。那种鱼长约三寸，大头红背，长得特别漂亮，惹得许多人驻足凝视。

一转眼两年时间过去了，那些鱼在这两年时间里似乎没有什么变化，依旧三寸来长，大头红背，每天自得其乐地在鱼缸里时而游玩，时而小憩，吸引着人们惊羡的目光。

有一天，鱼缸的缸底被该单位头头那顽皮的小儿子砸了一个大洞，待人们发现时，缸里的水已经所剩无几，十几条热带鱼可怜巴巴地趴在那儿苟延残喘，人们急忙把它们打捞出来。怎么办呢？人们四处张望了一下，发现只有院子当中的喷水池可以当它们的容身之所。于是，人们把那十几条鱼放了进去。

两个月后，一个新的鱼缸被抬了回来。人们都跑到喷水池边来捞鱼。捞来一条，人们大吃一惊，简直有点手足无措了。两个月，仅仅是两个月的时间，那些鱼竟然都由三寸来长疯长到一尺来长！

人们七嘴八舌，众说纷纭。有的说可能是因为喷水池的水是活水，鱼才长这么长；有的说喷水池里可能含有某种矿物质；也有的说那些鱼可能是吃了什么特殊的食物。

但无论如何，都有共同的前提，那就是喷水池要比鱼缸大得多！环境可以塑造一个人，也可以毁灭一个人。如果生活在一个益于成长的大环境，能使人更好地成长，更好地发挥自己的才能；如果生活在一个不宜成长的狭小环境中，由于受环境影响，无法施展自己的才能，往往会自暴自弃。

二十几岁的年轻人，也许对现在所处的环境不满意，与其不断地抱怨坏环境，不如主动地适应环境，或选择环境，不断创造有利于自己的条件。

美国南部某州，每年举行一次番瓜大赛。一位农夫年年都是金奖得主，而且每次得奖后，都会把种子分给邻居，从不吝惜。有人问他为什么如此好心，不怕别人超过自己吗？他说："我这样做其实是在帮自己。"

原来，这位农夫的土地与邻居们的土地相连，如果别人家的番瓜品种都很差，蜜蜂在传花授粉时，势必使他家的番瓜受到污染，

培养不成优质的番瓜。

环境的影响是巨大的，对植物如此，对人也是如此。有人说，在清华、北大住几年，哪怕不读书也能受到一些熏陶。的确如此，你是否属于优良品种，取决于你身边的人。假如你周围都是庸才，你因缺乏与一流人才的沟通，终将变成庸才；假如你的对手都很弱小，你因缺少有力的挑战，终将变得弱小。

正在一家私人企业做主管会计的肖立，最近辞去了工作，进入刚进驻本市开展业务的一家大公司，重新从底层做起。

朋友问他原因，他笑说："老板不够狠。"

原公司老板以温柔敦厚著称，某位经理因为收取回扣，造成了公司巨大的损失，证据确凿之下，被上司勒令离职，但是这位经理却是老板的校友，别有一番私人关系，自己理亏，还敢越级上奏，结果竟被留了下来，既往不咎。

还有几位资深员工，在该公司完全赶不上发展速度，已经到了每天早上到公司喝茶、看报纸过悠闲生活的地步。公司人事部门在专业评估后，请这几位退休，他们跑去跟老板哭诉。老板很有良心，又让他们留了下来。

由于老板心地好，不会主动辞掉员工，公司数百名员工的平均年龄，竟然高达五十岁。放眼望去，白发者居多。"快成敬老院了。"朋友说。

虽然他也欣赏老板的慈悲为怀，但是几经考虑，这样的公司实在赶不上日新月异的时代，未来经营的危机很大，再待下去"就像坐上一班不久后一定会撞上山崖的慢车一样"。老板赏罚不分，仁慈到近乎懦弱，他工作起来也没有什么动力，于是牙一咬，投靠别的公司去了。

轻松的环境看起来是不错，但是没有自己的发展空间，表面的平静之下，其实隐藏着巨大的危机。员工们每天面对着自然状态下的轻松工作环境，用不了多久，就失去了朝气，陷入了周而复始的古老生活状态中，变成了一群平凡而庸碌的人。即使中间还有有冲劲、有抱负的年轻的个体，时间一久也会被同化。这时再想出来，已经跟不上外面的节奏了，只能被时代无情地摈弃。

所以说，一个人要想有所作为，就不要去寻找容易的工作。安逸的环境、容易的工作没有多少压力，每天都轻轻松松，激发不了人的斗志，挖掘不出生命深处的潜力。

在任何情况下，我们都应该把自己放在能够焕发斗志的环境中。只有这样，才可以让我们渐渐走上发展事业的道路。另外，这样的环境也可以迫使我们慢慢克服自己身上的惰性，而不断地在压力中面对挑战，挖掘自身的潜力，开创出辉煌的业绩。

不试试，你怎么知道你不行

很多年轻人太害怕失败。一件事还没有做就说"太难了，我不行"。然而这种态度首先就是一种消极的态度。你不试试，永远不知道自己行不行。

人生的意义在于尝试和探索。人类所有的进步和成功可以说都

是尝试和探索的产物。从第一台蒸汽火车的出现到人类登上月球，每一次进步莫不是如此。不敢想象，如果每个人都畏首畏尾，不敢尝试，那么世界将会变得怎样？如果一个人连尝试的勇气都没有，那么他的人生注定是要失败的。

美国一位寿险业的销售冠军，在被问到如何销售保险的时候，他说在大学的时候，全校几乎所有的美女都跟他约会过。问的人很纳闷："这跟保险有什么关系？"他回答说："很有关系，因为这些所谓的校园美女，大部分的男生都不敢追求她们，他们都是被动的，都怕被拒绝。"但是他知道，这些美女都是很寂寞的，他不断地主动出击，因此每次都奏效。

正因为他跟学校所有的美女都约会过，所以当他从事保险业的时候，他想，这些成功的人士，大家一定都不敢去拜访。或者认为他们已经买了保单。

所以，他不断地主动出击，不断地拜访他们，在说服了这些董事长购买保单之后，董事长的朋友也都是成功人士，这些成功人士不断地介绍朋友给他，因此他成了保险业的佼佼者。

这件事告诉二十几岁的年轻人：不论做什么事，都不能在未开始行动之前，先在自己心里打了退堂鼓。行不行，你都要试过了再说，凡事只有主动出击，才可能有好的结果。

世界有很多脑筋好的人，不一定万事皆成，因为他们都以理论来解释人生，在没有进行任何尝试之前，自己先退缩了。

琼斯大学毕业后如愿以偿地到当地的《明星报》任记者。这天，他的上司交给他一个任务：采访大法官布兰代斯。

第一次上班就接到如此重要的采访任务，琼斯不是欣喜若狂，而是愁眉不展。他想:自己任职的报纸《明星报》是当地的一流大报,自己却只是一名刚刚出道、名不见经传的小记者,大法官布兰代斯怎么会接受我的采访呢?同事史蒂芬得知他的苦恼后,拍拍他的肩膀,说:"我很理解你。让我来打个比方:你现在好比躲在阴暗的房子里,然后想象外面的阳光多么炽烈。其实,最简单有效的办法就是往外跨出第一步。"

史蒂芬拿起琼斯桌上的电话,查询布兰代斯的办公室电话。很快,他与大法官的秘书通了电话。接下来,史蒂芬直截了当地提出了他的要求:"我是《明星报》新闻部记者琼斯,我奉命采访法官,不知他今天能否接见我?"站在旁边的琼斯听了吓了一跳。史蒂芬一边打电话,一边向目瞪口呆的琼斯扮鬼脸。接着,琼斯听到了他的答话:"谢谢你。明天1点15分,我准时到。"

"瞧,直接向他说出你的想法,一切问题都解决了。"史蒂芬向琼斯扬扬话筒,"明天中午1点15分,你的约会时间不要忘了。"一直在旁边看着整个过程的琼斯面色放缓,他终于明白,有许多事情其实很简单,只是我们自己把它想得过于复杂了,因此也就丧失了机会。

如果有一件事应该去做而你一直在犹豫,那么单刀直入是最简明的办法,做来不易,但很有用。而且,第一次克服了心中的畏怯,下一次就容易多了。

美国前总统罗斯福说过:"我们唯一需要害怕的,是害怕本身。"因为心中的畏怯,使我们在做一些新事情的时候总是犹豫不决。人的心理倾向于选择安全、舒适和熟悉的环境,只有具备成功素质的人,才可以冲破这种心理的束缚。

王芳今年还不到三十岁,已经是某市一家名牌服装代理店的老

板。她来自贫穷的山区，大学毕业后放弃了回家乡工作的机会，毅然留在省城，当过记者，摆过地摊，开过服装店。一次偶然的机会，认识了一位皮尔·卡丹代理商，信心百倍的她东挪西借筹款，在省城闹市区租个门面撑起了一个专卖店。创业之初，她吃住在店里，为了支付昂贵的租金，她有时一顿饭用一块大馍充饥。热情周到的服务终于让专卖店里有了络绎不绝的顾客，生意红火了，她没去过一次饭店，未买过时尚衣服，仍过着节俭的生活，渐渐地，她口袋里的钱像滚雪球一样一天天地多起来。一年前，她竟把左右邻店兼并过来，同时还招聘了六名员工。已成款姐的王芳不无真诚地说："都市里到处都能掘到黄金，关键是你要选择好自己的生活方式。如果你什么也不去试，就永远不知道自己能做成什么事。"

其实，只要细心地观察一下四周，你就会发现，在都市的角角落落，确实生活着生命力很旺盛的外地人。他们大都干过很多行业，并且永不言败，以顽强的生存能力，有滋有味地生活着。而有些一生下来就有了城市户口的城里人，在失去了铁饭碗之时，却连一条求生存的路也找不到。因为不愿意也不敢去做，他们仅剩的一点儿生存能力也退化了，已经无力面对外面激烈的竞争。

有些二十几岁的人，人还没老，心却已经老了。采取任何行动之前，他们会想象一切负面的结果，感到焦虑不安，遇事拖延，按兵不动。这种人必须训练自己，在考虑任何事情时，列出清单，同时列出利与弊、改变与维持现状的差异，控制心中的恐惧，让自己变得更有行动力。我们唯有不断拓展生存空间，不断地刷新自己，才能在行动中谋求适合自己的发展方式。

逆水行舟，敢于拼搏

曾经有首歌叫《爱拼才会赢》。对于年轻人来说，拼搏才会有发展，拼搏才会有成就。年轻人就应该敢于挑战，勇于拼搏。

世界上没有任何一件事是完全可以确定或保证的，但人们正是在危机中学会了快跑，在惊险中学会了自救。二十几岁的时候，你可以没有足够的金钱，可以没有功成名就的事业，但你不能没有激情。年轻的锐气是有时限的，如果不好好利用，它就会在生活的重压里消磨殆尽。

很多人都知道危险很可怕，可是却不知道停滞不前更可怕。因为如果遇到危险，你会集中你的精力去解决它，克服它，你会进步。可是如果你停滞不前，你的抵抗力减弱，生存能力减弱，后面随之而来的"竞争力"就会将你吞没。

你看过船夫拉纤的情景吗？那真是生活中最惊心动魄的一幕！波涛滚滚而下，木船逆流而上，纤夫紧紧地拽引着纤绳，喊着号子，踏着砂石，拼力向前迈进。没有彷徨，没有懈怠，更没有停留和后退。因为，只要稍微放松手中的纤绳，船就要顺流而下，后果不堪设想。

我们都知道在前进中会有许多未知的危险，却不知停滞不前的危险更大，若不想被生活的潮流吞没，向前走才是安全的。强者的

本色，应该是在进攻中站稳脚跟。

在第二次世界大战中，巴顿创造的战绩是巨大的，也是惊人的。正如驻欧洲盟军总司令艾森豪威尔将军在战后所说："在巴顿面前，没有不可克服的困难和不可逾越的障碍，他简直就像古代神话中的大力神，从不会被战争的重负压倒。在第二次世界大战的历次战役中，没有任何一位高级将领有过像巴顿那样神奇的经历和惊人的战绩。"

在作战方面，巴顿堪称世界现代战争史上最杰出的战术家之一，其主要特点是勇敢无畏的进攻精神。巴顿特别强调装甲部队的大范围机动性，尽一切努力使部队推进、推进、再推进。巴顿在战斗中的一句口头禅是："要迅速地、无情地、勇猛地、无休止地进攻！"有时，他下令："我们要进攻、进攻，直到精疲力竭，然后我们还要再进攻。"有时，他对部下说："一直打到坦克开不动，然后再爬出来步行。"正是这种勇敢无畏的进攻精神，使得巴顿率领的部队在战场上所向无敌，无往而不胜。

拼搏者，勇往直前也。人生有如战场，唯有拼搏才会胜利。喜欢拼搏的人，总是积极向上；害怕奋斗的人，在气势上已先输了一筹。生活中，有许多年轻人之所以懒洋洋地提不起精神，不是因为缺乏向上的实力，而是因为主观认识上的不足。

青春意味着富有的时间，健壮的体魄，敏捷的思维，无忧的心绪。最富有的东西，是最容易被轻视、糟蹋的东西；最缺少的东西，也是人们最渴望得到、最珍惜的东西。长处往往导致弱点：富有时间——来日方长，浪费点没啥；思维敏捷，一学就会，不求甚解；体魄健壮什么都能干，何须忙于去做；心绪无忧，把生活视为一桶香甜的蜜，生活中的艰难连想也没有想过。千万不能仅仅这样来理解青春，更不能进行这样的生活推理！

随波逐流固然轻松愉快，但长此以往就要被生活的波涛吞没。有的朋友也知道放纵自己不好，但他想："先放纵自由一段时间，待以后再抓紧也不迟。"然而，要回过头来再抓紧自己，那是很难的，需要付出十倍、百倍的代价，因为你已经习惯了顺流而下。而那些义无反顾地投入到生活中去了的人，即使暂时还没有品尝到成功的果实，也已经磨砺了自己的精神体魄，增强了与命运对抗的能力。

人的潜能就像一种强大的动力，有时候它爆发出来的能量，会让所有人大吃一惊。

台湾十大杰出青年企业家赖东进成名前曾经是一个乞丐，从小到处流浪要饭。在奔波行乞的日子里，他经常抱着弟妹长途行走，动辄就是几十公里；每天用破水桶到水沟往栖身处提水，一折腾就是数十个来回；在夜市或车站躲避抓捕，见到警察就玩命地奔逃；在野地或大宅门前，不时遭遇恶狗疯狂追逐。长期如此的磨难练就了他出奇的爆发力。一次学校举办运动会，他报了短跑项目。发令枪一响，他奋力往前冲，只顾专心奔跑，并没有感受到场外的异常。等到快要跑到终点，他突然发现全场一片寂静，还来不及琢磨发生了什么事情，人已冲到了终点。看台上的师生全都站立起来，响起了暴风雨般的掌声和口哨声。赖东进回头一看才弄明白，原来同组竞赛的同学才跑到一半。他那惊人的速度，让大家看傻了眼。

人的力量都是拼出来的，灾难和危险就是最好的教练。因为只有这样你才能知道你的潜能有多大。赖东进早年在底层所遭受的所有艰难困苦，都成了他宝贵的财富，这种无论在什么条件下都要拼

命向前的精神，足以使他后来在商界与政界笑傲人生。一个强有力的人，正是一个能战胜自己的人。要纠正偏见，改变习惯，克服弱点，主宰感情，驾驭性格……总之，就是不要让生活牵着鼻子走，而是做自己命运的主宰。

成功是个人的选择，只有选择成功的人，才能成功。如果我们能在最恶劣、最不利的情况下取胜，就能激励自己必胜的信心，用强烈的刺激唤起那敢于超越一切的潜能。当我们不必遭受赖东进那样的艰苦境遇时，更应该时刻提示自己超越生活中的平庸。

一个人在二十几岁时的选择，对自己一生的成就至关重要，给自己选了逆流险滩的年轻人，中年后才有享受人生的资格。你要时刻提醒自己，不管别人如何平庸，自己都不要随波逐流。看看那随波而流的树叶，它们默默无闻地来，又默默无闻地去，最后消失在茫茫大海里。平庸者就如这树叶，与世无争，不愿付出什么，悄然出生，默默地成长，娶妻生子，生老病死。他们安于清贫，甘于寂寞，乐于稳当，他们从不曾知道成功是什么。他们深信树大招风，枪打出头鸟，他们珍惜自己的生命。他们也是缺乏生活激情的人，乐于平淡，安于平淡。大喜大悲他们都不适应，一点风吹草动也会让他们寝食难安。这些人注定要度过暗淡的一生。

年轻人就应该有强烈的使命感和忧患意识，不甘寂寞，逆水行舟，渴望有所作为；应该关爱社会，希望能为社会尽些绵薄之力，他们希望在人生的旅途上留下自己的足迹；不要随波逐流，敢于拼搏和冒险。只有这样，等到将来你老去的时候，你才会满足地说：我度过了一个无悔的人生！

创新不要受惯性思维的限制

很多人做事情，都容易受到惯性思维的限制和影响。惯性思维包括习惯、风俗、观念等等，比如经常去的餐馆，多年的生活习惯……因为人们认为，根据惯性思维作的选择是安全的、放心的。但是他们同时也忽略了，如果人总是凭借惯性去判断事情，往往又容易被经验所牵制，丧失了自己探索和尝试的机会。日复一日，人们的思维受限，失去了创造力和探索精神。

从前，有个卖草帽的人，每天，他都很努力地卖着帽子。

有一天，他叫卖得十分疲累，刚好路边有一棵大树，他就把帽子放着，坐在树下打起盹来，等他醒来时，发现身旁的帽子都不见了，抬头一看，树上有很多猴子，而每只猴子的头上都有一顶草帽。他十分惊慌，因为，如果帽子不见了，他将无法养家糊口。突然，他想到猴子喜欢模仿人的动作，他就试着举起左手，果然猴子也跟着他举左手；他拍拍手，猴子也跟着拍拍手。

他想机会来了，于是他赶紧把头上的帽子拿下来，丢在地上。猴子也学着他，将帽子纷纷扔在地上。卖帽子的高高兴兴地捡起帽子，回家去了。回家之后，他将这件奇特的事，告诉他的儿子和孙子。

多年后，他的孙子继承了家业。有一天，在他卖草帽的途中，

也跟爷爷一样，在大树下睡着了，而帽子也同样地被猴子拿走了。

孙子想到爷爷曾经告诉他的方法。于是，他举起左手，猴子也跟着举起左手；他拍拍手，猴子也跟着拍拍手，果然，爷爷说的话真管用。最后，他摘下帽子丢在地上；可是，奇怪了，猴子竟然没有跟着他做，还是直瞪着眼看他，看个不停。

不久之后，猴王出现了，把孙子丢在地上的帽子捡起来；还很用力地对着孙子的后脑勺打了一巴掌，说："开什么玩笑！你以为只有你有爷爷吗？"

人们总是跳不出惯性思维，它甚至让一切最大胆的幻想都打上了个人的偏见，就像作家贾平凹所津津乐道的某一个农民的最高理想："我当了国王，全村的粪一个不给拾，全是我的。"这似乎就是人们说的"乡村维纳斯效应"。德波诺在《实用思维》一书中饶有兴味地描述了一种常见的社会现象："在偏静的乡村，村里最漂亮的姑娘会被村民当作世界上最美的人（维纳斯），在看到更漂亮的姑娘之前，村里的人难以想象出还有比她更美的人。"在村里，它是真理，在全世界，它就是偏见。

著名华裔人类学家许烺光（曾任美国人类学会会长）在《美国人与中国人》一书中十分严肃地举了一个例子："在一部中国电影中，一对青年夫妇发生了争吵，妻子提着衣箱怒冲冲地跑出公寓。这时，镜头中出现了住在楼下的婆婆，她出来安慰儿子：'你不会孤独的，孩子，有我在这儿呢。'看到这儿，美国观众爆发出一阵哄笑，中国观众却很少会因此发笑。"这两种截然不同的反应所透出的文化差异是明显的，在美国人的观念中，婚姻是两个人的私事，其间的性关系是任何别的感情无法替代的。而中国观众却能恰当地理解母亲所说的含义。这正如一些美国留学生在读了《红楼梦》后，总是不解地问中国教授："为什么宝玉和黛玉不偷些金银财宝然后私奔呢？"中国教授知道这不是一个工具性问题，很难用一两句话解释得清。

在白纸上画一个黑点，而后问：你看到了什么？答案至少有100种：芝麻、苍蝇、图钉、太阳的黑子、污迹……这些都是常规的联想，有的人的思维就更活跃一些，他可能会回答说：我看到了缺点……我看到了遗憾……我看到了损失……但是，为什么就没有想到其他的？

为什么你的眼睛仅仅盯住那个黑点？而没有看到黑点旁边的那一大片的白纸？而正是这个黑点束缚和禁锢了我们的思维，使我们看不到其余更多的更好的更丰富的东西。某些人一件事情没有办好，就垂头丧气——"我真没用，我真窝囊，我是天底下最愚蠢的人"。透过别人不经意的一句话或一件事就给这个人下定义——"他品质有问题"。其实，更重要的是我们要关注广阔的存在，而不是那个黑点。

300多年前英国伦敦的郊区，有一个人叫霍布森。他养了很多马，高马、矮马、花马、斑马、肥马、瘦马都有。他就对来的人说，你们挑我的马吧，可以选大的、小的、肥的，可以租马、可以买马。你们都可以选呢，人家非常高兴去选了，但是整个马圈旁边只有一个很小的洞，很小的门，你再选大的马出不来的，它的门很小。后来获得诺贝尔奖的一个人叫西蒙，就把这种现象叫做霍布森选择。就是说，你的思维你的境界只有这么大，没有打开，没有上层次，思维封闭，结果就是你别无选择。

惯性思维限制了我们的创造力，阻碍了我们去进取，去挑战，对我们的人生会产生许多负面的影响。这种思维限制了我们的创新思维，让我们不能发挥自己的潜能。

二十几岁的年轻人，一定要敢于突破，防止自己受惯性思维的限制，不断挑战自己，才能够赢得成功。

培养360度思维

固执地只向一个方面努力，就很容易会碰壁，如果放弃固执，绕个弯，兜个圈子，那么就一定能更快地走向成功。

一位失败者去拜访一名成功者。他来到成功者面前，看到了一扇漂亮的旋转门。他轻轻一推，门就旋转起来，他夹在两块透明玻璃间转进去，看到成功者正站在面前。

"你能不能告诉我成功有什么窍门？"失败者虔诚地问。

成功者用手一指他的身后："就是你身后的这扇门。"

失败者回过头去只见刚才带他进来的那扇门正慢慢地旋转着，把外面的人带进来，把里面的人送出去。两边的人都顺着同一个方向进进出出，谁也不影响谁。

门可以旋转360度是因为人的心可以旋转360度。发明旋转门的人，看到了360度的妙处，他成功了。生活是同样的道理，固执地一条道走到黑，也许你会错过许多美丽的风景，或者错失更多的生存发展机会。旋转360度，可能会有"柳暗花明又一村"的惊喜，试着转变一下你的思路，或许成功就在拐角处。

两个儿子大了，一个富翁老了。富翁一直在苦苦思索，到底让哪个儿子继承遗产？富翁想起自己白手起家的青年时代，他忽然灵机一动，找到了考验他们的好办法。

他锁上宅门，把两个儿子带到100里外的一座城市里，然后给他们出了个难题，谁答得好，就让谁继承遗产。他交给他们一人一串钥匙、一匹快马，看他们谁先回到家，并把宅门打开。

马跑得飞快，所以兄弟两个几乎是同时回到家的。

但是面对紧锁的大门，两个人都犯愁了。

哥哥左试右试，苦于无法从那一大串钥匙中找到最合适的那把；弟弟呢，则苦于没有钥匙，因为他刚才光顾了赶路，钥匙不知什么时候掉在了路上。两个人急得满头大汗。突然，弟弟一拍脑门，有了办法，他找来一块石头，几下子就把锁砸了，他顺利进去了。

自然，继承权落在了弟弟手里。

这个故事不正说明，按照常规思维，坚持一贯的方法不如换角度解决的道理吗？360度思维通常可以在两种情况下运用。

第一种情况是实现目标的途径相当明确，原有各种思维方式、思路、方法均可达到既定目标，但由于人的习惯思维，尽管原方法有优有劣，但往往总是死抱住一条路不变，在这种情况下就必须果断寻找新途径。例如要剪一块圆纸板，通常先在纸板上画出一个相应直径的圆，再用剪刀仔细剪下，花费时间较长。有同学想到用圆规画圆，把圆规的笔尖改装为小刀片，则成为一个很好的切圆片专用工具，不同方法解决了同一问题，还节省了时间。第二种情况更

为多用，为解决某一问题孜孜以求，朝思暮想，但按常规方法却难以完美解决，这时不妨转换一下思路，从与自己研究无关的领域中寻找解决的方法，或者请"外行"来参谋，出点子，或许很容易就能解决问题。例如，大家比较熟悉的鲁班发明锯、莫尔斯发明电报就是这种思维的典范。

激发个人创新的方法

要想真正发挥创新潜能，除了要有敢于尝试与创新的勇气，还必须精心地培育你的创造力。这里罗列的，是许多成功人士常用的方法。

1. 及时记录一些创新想法

人们在工作、生活、交际和思考过程中，常会出现许多想法，而其中的大部分都会因为不合时宜而被人们放弃直至彻底忘却。

其实，在创新领域里，从来就不存在"坏主意"这个词汇。三年前你的某个想法也许不合时宜，而三年后却可以成为一个真正的好主意。更何况，那些看来是怪诞的远非成熟的想法，也许更能激发你的创新意识。

如果你能及时地将自己的想法记录下来，那么，当你需要新主意时，就可以从回顾旧主意着手。而这样做，并不仅仅是为了给旧主意以新的机会，更是一种重新思考，重新整理的过程，在这个过程中，可以轻易地捕捉到新的创新性的思想。

2. 自己提问自己

如果不问许多"为什么"，你就不会产生创新性的见解。

为了避免这个常犯的错误，成功者总是透过所有的表面现象去寻找真正的问题。他们从来不把任何事情看作理所当然的结果；他们也从来不把任何事情看作水到渠成的过程。

那些不明确的、看来似乎是一时冲动之中提出来的问题，往往包含着更多的创新性思维的火花。

3. 经常表达出来自己的想法

如果你有了想法，不管是什么样的想法，你都应当表达出来。如果是独自一人，你就对自己表达一番；如果你身处群体之中，不妨告诉其他人共同进行探讨。

一个人一生中的大多数想法，都被无意识的自我审查所否决。这种无意识的自我审查机制将一切离奇的想法都当做"杂草"，巴不得尽快地加以根除。

循规蹈矩的心境里没有"杂草"，但循规蹈矩的心境也没有创造力。你想要有创造力，就必须照料好每一株"杂草"，把它们当做有潜在经济价值的新作物。

把你的不寻常的离奇想法说出来，把它们从头脑中解放出来。一旦它们进入到交流领域之中，便能够免受无意识领域中自我审查机制的摧残。这样做，使你有机会更仔细、更充分地去审视、探索和品味，去发现它们真正的实用价值。

4. 永远充满着创新的渴望

满足于现状，就不会渴望创造。没有乐观的期待，或者因为眼

前无法实现而不去追求，都会妨碍创造力的发挥。

发明家和普通人其实是一样的人，所不同的是，他们总是希望有更好的方法。系鞋带时，他们希望有更简便的方法，于是便想到了用带扣、按扣、橡皮带和磁铁代替鞋带。煮饭时，他们希望省去擦洗锅底的烦恼，于是便有了不粘锅的涂料。所有这一切，都来源于改进现状的愿望。

5. 换一种新的方法来思考

墨守成规不可能产生创新力，也无法使人脱离困境。有人喜欢用比较分析法来思考问题。面临抉择，他总是坐下来将正反两方面的理由写在纸上进行分析比较；也有人习惯于用形象思维法，把没法解决的问题画成图或列成简表。能不能换一种方法去思考，或交替使用各种不同的思考策略呢？试试看。也许，最困难的抉择也会迎刃而解。

6. 有了创新性的想法，一定要努力去实施

有了创新性的想法，如果不去努力实施，再好的想法也会离你而去。想努力去做，却又因为短期内收不到成效而不持之以恒，你也会同成功失之交臂。爱迪生说："天才是1%的灵感加99%的汗水。"这是他的至理名言，也是他的经验之谈。坚持努力，持之以恒，才会如愿以偿。

第六章
二十几岁不耕耘,三十几岁无收获

《老子》中说:"将欲取之,必先予之。"自古以来,人们都遵循一个朴素的理论,那就是要想得到,必须先有所付出;要想收获,必须先耕耘。天下没有白吃的午餐。现在的很多年轻人,心态浮躁,总是幻想着不劳而获,一夜成名,却不知道脚踏实地地去努力,去付出。年轻人要想在三十岁前有所收获,就必须在二十岁的时候懂得耕耘。否则,所有的理想都只是空想而已。

好的机遇来自于付出

很多人都相信：机遇可遇而不可求，所以很多人就把他们宝贵的时间用在等候机遇上。其实，如果你有过人的勇气、睿智的头脑、勤劳的双手，那么你也可以创造机遇。

一个年轻人躺在一块草地上，懒洋洋地晒着太阳。

这时，从远处走来一个奇怪的东西，它周身散发着五颜六色的光，六条腿像桨一样向前划着，使它的行走十分快捷。

"喂！你在做什么？"那怪物问。

"我在这儿等待机遇。"年轻人回答。

"等待机遇？哈哈！机遇什么样，你知道吗？"怪物问。

"不知道。不过，听说机遇是个很神奇的东西，它只要来到你身边，那么，你就会走运，或者当上了官，或者发了财，或者娶个漂亮老婆，或者……反正，美极了。"

"你连机遇什么样都不知道，还等什么机遇？还是跟着我走吧，让我带着你去做几件对你有益的事吧！"那怪物说着就要来拉他。

"去去去！少来添乱，我才不跟你走呢！"年轻人不耐烦地撵那怪物。

那怪物只好独自离去了。

这时，一位长髯老人来到年轻人面前问道："你为什么不抓住它啊？"

"抓住它？它是什么东西？"年轻人问。

"它就是机遇呀！"

"天啊！我把它放走了。不，是我把它撵走了！"年轻人后悔不迭，急忙站起身呼喊机遇，希望它能返回来。

"别喊了，"长髯老人说，"我告诉你关于机遇的秘密吧。它是一个不可琢磨的家伙。你专心等它时，它可能迟迟不来，你不留心时，它可能就来到你面前；见不着它时，你时时想它，见着了它时，你又认不出它；如果当它从你面前走过时你抓不住它，那么它将永不回头，使你永远错过了它！"

"我这一辈子不就失去机遇了吗？"年轻人哭着说。

"那也未必，"长髯老人说，"让我再告诉你另一个关于机遇的秘密，其实，属于你的机遇不止一个。"

"不止一个？"年轻人惊奇地问。

"对。这一个失去了，下一个还可以出现。不过，这些机遇，很多不是自然走来的，而是人创造的。"

年轻人甚是不解。

"刚才的一个机遇，就是我为你创造的一个，可惜你把它放跑了。"老人说。

"太好了，那么，请您再为我创造一些机遇吧！"年轻人说。

"不。以后的机遇，只有靠你自己创造了。"

"可惜，我不会创造机遇呀。"

"现在，我教你。首先，站起来，永远不要等。然后，放开大步朝前走，见到你能够做的有益的事，就去做。那时，你就学会了创

造机遇。"

人不仅要能把握机遇还要能千方百计地创造机遇。善于把握机会，利用机遇完成创造是聪明的人，而在这种聪明的基础上创造机遇，让机遇为我所用则是更加了不起的人。

在1981年的时候，英国王子查尔斯和黛安娜要在伦敦举行耗资10亿英镑、轰动全世界的婚礼。消息传开，伦敦城内及英国各地很多工商企业都绞尽脑汁想借此难逢的良机大发一笔。有的在糖盒上印上王子和王妃的照片，有的把各式服装染印上王子和王妃结婚时的图案。但在诸多的经营者中，谁也没有一位经营望远镜的老板想法奇妙。

这位老板想，人们最需要的东西就是最赚钱的东西，一定要找出在那一天人们最需要的东西。盛典之时，要有百万以上的人观看，将有一多半人由于距离远而无法一睹王妃尊容和典礼盛况。这些人在那时最需要的不是购买一枚纪念章、买一盒印有王子和王妃照片的糖，而是一架能使他看清婚礼盛典的望远镜。

到了盛典那一天，正当成千上万的人由于距离太远看不清王妃的尊容和典礼盛况而急得毫无办法的时候，老板雇用的卖望远镜的人出现在人群中。他们高声喊道："卖望远镜了，一英镑一个！请用一英镑看婚礼盛典！"顷刻间，几十万架望远镜抢购一空。不用说，这位老板发了笔大财！

在人生道路上，机遇有时不请自来，有时却偏要你自己去求取，用心去创造。在这个事例中，英国众多的工商企业都在利用王子的婚礼做文章，但他们只懂得抓住机会却不懂得创造机遇。而经营望远镜的老板却创造出了难得的机遇，说到底还是那位老板比别人研究得更细一层，所以说创造机遇，眼力和勇气是不可缺少的。

机遇绝非上苍的恩赐,优秀的人不会坐等机遇的到来,而是主动创造机遇,一个成功人士,绝不是一个逍遥自在,没有任何压力的观光客,而是一个积极投入的参与者,善于创造机遇,并张开双臂拥抱机遇的人,是最有希望与成功为伍的。

投机取巧不如脚踏实地地付出

投机取巧的心态是成功的杀手,即便你学识再高,本领再大,如果好耍"小聪明",那么就不会有出人头地的一天。所以你要一步一个脚印地工作,用心做好每一件事。

张阳是一家大公司的高级职员,平时工作积极主动,表现很好,待人也热情大方。但有一天,一个小小的动作却使他的形象在同事眼中一落千丈。那一次是在会议室里,当时好多人都等着开会,其中一位同事发现地板有些脏,便主动拖起地来。而张阳身体似乎有些不舒服,一直站在窗台边往楼下看。突然,他走过来,一定要拿过那位同事手中的拖把。本来差不多已拖完了,不再需要他的帮忙。可张阳却执意要求,那位同事只好把拖把给了他。刚过半分钟,总经理推门而入。张阳正拿着拖把勤勤恳恳、一丝不苟地拖着地。这一切似乎不言而喻了。从此,大家在看张阳时,顿觉他很虚伪,以前的良好形象被这一个小动作一扫而光。说来也巧,在参加会议的众多职员中,有一个刚好是总经理的小舅子。结果不用说了,张阳

以后再也没被重用过。

张阳因为耍"小聪明"而被老板"冷冻"了起来，他为他的"聪明"付出了高昂的代价。其实生活中还有很多张阳式的人，他们养成了在工作中投机取巧的习惯，认为只要老板在身边的时候表现出色就可以了，老板不在，又何必拼命呢？像这种"聪明人"只能一时得利，他们的"聪明"迟早会害了他们自己。

马昆在学校里是一个很活跃的人，一直被朋友们十分看好。可是让朋友们吃惊的是，都毕业几年了，马昆还是经常跑人才市场。而让朋友们大跌眼镜的是上学时默默无闻的孙亮，此时已经成为一家日化用品公司在华北地区的市场总监。

这是怎么回事呢？让我们先看看他们这几年的工作经历。

离开学校后，马昆应聘做了一家宾馆的大堂经理。由于爱耍些"小聪明"，所以刚开始挺受重用。可过不多久，他的那些"西洋镜"就被一一拆穿，老板马上就将他"冷冻"起来。无奈之下，马昆只好卷铺盖走人。之后，马昆又进了一家中德合资企业。德国人严谨实干的作风当然又是马昆不能"忍受"的。马昆后来又在新加坡、日本、美国等等外企工作过。这几年，马昆的老板都可以组成一个"地球村"了，可马昆却还是在职场游荡。

孙亮则不同。大学毕业后他就进了这家日化公司的销售部。之后，他勤奋工作，默默地积累工作经验。他对行业渠道的熟悉程度使上司很是赏识，对公司产品更是了然于胸。他的才干很快得到上司的肯定。当该公司华北地区市场总监的位子空缺后，公司总部就让他顶了上去。

他们的经历真像某位大学生所说的："毕业以后，我们发现了彼此的不同，水底的鱼浮到了水面，水面的鱼沉到了水底。"

其实在我们的周围，有很多人本身具有达到成功的才智，可是每次他们都与成功失之交臂。其实他们不是没有认真地检讨过自己，但是他们总是不愿意踏踏实实地去做好自己的本职工作，总是期望很多，付出很少，内心里不屑于去做他们心中的"一般的小事"，认为他们被大材小用。只要做被他们认为的小事，他们就开始耍小聪明，投机取巧，蒙混过关。但他们能蒙得过一次、两次，能总是混过去吗？一旦让老板察觉，就会留下极坏的印象，建立一个好的印象需要长期的考察，坏印象却在一瞬间形成。而且坏印象的改变是很难的，犹如一张白纸，整张白纸的白不如上面一个墨点的黑给你留下的印象深。即使老板这一次原谅了你，但是老板以后就可能不再信任你，因为你的人格在他的心目中已经打了一个折扣。在老板的心中，他们以往的投机取巧已经被打上不踏实、不可靠、不能委以重任的印记。

投机取巧的习惯有百害而无一利，任何一个老板都不可能永远被你的"小聪明"蒙骗住。一份耕耘，一份收获，踏踏实实地工作才能成就你的事业。

管理好自己的时间

时间如同金钱，愈是懂得利用的人，愈感觉它的价值；愈是贫穷的人，愈感觉它的可贵。《淮南子·说林训》中说过："圣人不贵

尺之璧，而重寸之阴。时难得而易失也。"意思是说：圣人不会因为
璧玉珍贵而去很珍惜，而对时间却分秒都很珍惜。金钱是宝贵，可
更宝贵的是时间。

美国著名的管理学大师杜拉克曾说过："不能管理时间，便什么
也不能管理。""时间是世界上最短缺的资源，除非严加管理，否则
就会一事无成。"

每个人都应该管理好时间，把它当成一种资产来进行管理，把
时间当成是个人的资产，在最短的时间里创造最大的效益。把时间
管理好，就是要利用自己最有限的时间来做出无限的事情。

人一生总会浪费很多东西，其中最大的浪费，就莫过于时间了。
爱迪生经常对他的助手说："人生太短暂了，要多想办法，用极少的
时间办更多的事情。"

拿破仑和奥地利公主玛丽亚·路易莎结婚后，曾到卢森堡一所
学校视察。这所学校在各方面都很出色，得到了拿破仑的赞美，可
是拿破仑还想赠送一些鲜花给这所学校，让学校变得更美。

由于当时还是夏季，没有那些好看的花，这让拿破仑的承诺只
能到第二年春天才能实现。但是紧接着，拿破仑就组织军队与俄国
打仗，渐渐把这件事情给忘了。

20世纪末，卢森堡要求法国实现当年拿破仑说过的话，并且还
说如果法国不支付这笔鲜花的费用，那就说明拿破仑是一个言而无
信的人。

一笔鲜花的费用对于法国来说还算不上是一件难事，而且法国
人也不会因为区区一笔鲜花的费用让自己的祖先背上言而无信的名
声。所以，法国人几乎没有考虑就答应支付这笔费用了，可是结果

却让人震惊,当年那笔微不足道的鲜花费用,经过几百年的利息滚动,如今已相当于法国全年的教育经费!

法国人无可奈何,只好请求卢森堡放弃利息,并承诺以后卢森堡在教育事业方面遇到困难就会给予帮助。

一笔鲜花的费用之所以导致一笔巨额资金,就是时间上没有算计好,从这个故事中你体会到了什么?大家要学会控制自己的时间,不要随随便便向别人承诺什么,要知道你向别人说出了"好"这个词语,就意味着要浪费掉你大量的精力、财力以及时间,打扰你的时间模式。

"好"这个词说起来很简单,但要去实现它,却不是那么简单。所以不要轻言承诺,一旦承诺必须况兑现。

你在管理时间的过程中,首先要不断地对时间作记录,了解新时期你所要执行的任务。把事情按急与不急,重要与不重要分类。

其次,在工作的时间努力地工作,玩的时候尽情地玩。如果把两者搞混了,你就会被时间控制,生活也会变得一团糟,你如果在工作的同时去玩,就会失去完成一件漂亮任务后的快乐和纯粹休息所带给你的全身心放松的感觉。

我们许多人总在上班的时候,想自己什么时候能放假,上哪去玩。真到放假的时候呢?可能还是哪儿都没去。结果呢?上班的时候没能认真工作,休息的时候又没能尽兴地玩。可见若是不能合理地控制好自己的时间的话,就会造成休息、工作两耽误。真的是得不偿失。

几乎所有的英语学习爱好者都听过这样一句话:"一年的零碎时间,足以攻克英语!"这是"疯狂英语"创始人李阳常挂在嘴边的

一句话。

李阳在中学的时候的学习成绩很不理想。高三时甚至因为对学习失去信心几次想要退学，高考很勉强才考入兰州大学工程力学系。到了大学，一二年级的时候李阳还多次要补考英语。

李阳为此感到很难过，为了能彻底改变英语学习一直很差无法提高的窘境，他开始了奋力拼搏的过程。

李阳给自己制作了很多小纸条，纸条正反两面都写上一些英文句子，他把纸条随身携带，只要有时间，哪怕是非常零碎的时间，例如在去食堂吃饭的路上，他也会拿出纸条大声地背诵那些句子，丝毫不顾及其他人投来的诧异的目光。

生活中永远不可能避免忙碌，那么，那些零碎的时间从哪里来呢？一日三餐前后，上下班的路上，上厕所的时候，倒水的时候……很多很多，不需要用嘴的都是可以利用的零碎时间。

李阳先生说："我特别喜欢堵车，因为一堵车，我别无选择，只有拿出小纸片来背上两句。我特别喜欢排队，因为再长的队，我都没有感觉，好像一会就轮到我了。"

李阳经过四个月的艰苦努力，终于在大学英语四级考试中一举获得全校第二名的优异成绩。大学毕业之后的李阳，被分配到西安西北电子设备研究所当一名助理工程师。他在这个岗位上待了一年半的时间，在这一年半中，他每天都坚持清晨在单位的九楼楼顶大声喊英、法、德、日语，把"疯狂英语"进一步实践和完善了。

现在李阳正在进行"向世界传播中文"的事业。广大英语学习者称他为"英语播种机"。

时间被李阳分成了很多小块，他把英语深入到了他所有的时间里。在李阳的身上充分体现了对时间的尊敬，他对时间的利用可谓发挥到了极致。

ACCA会计师公会曾经在上海组织了一个模拟求职训练营，对500多名复旦、交大、同济、上外、财大的应届毕业生的时间管理能力等进行了测试。这道时间管理的测试题是：

如果你是一个农产品贸易公司的中层管理者，早晨8∶30上班，中午休息1小时，下午5∶30下班，今天需要处理7件事情：第一，处理当天紧急事情，需要1小时；第二，有公司的产品有质量问题的谣传，处理投诉需要2小时；第三，和公司总监沟通需要4小时；第四，和总经理一起吃工作餐需要1小时；第五，编写下一年度的预算报告需要2~3天时间；第六，处理前一天的未处理完毕的事宜需要1小时；第七，准备下午开会的材料需要30分钟。你会如何安排自己一天的工作流程？

测试结果显示，九成大学生将一天的工作流程安排到深夜12点，尽管如此，他们还没有处理完一些重要的事情。这说明毕业生不会合理管理时间。专家指出，这可能会导致毕业后工作效率低下。大多数人没有很好地利用时间，也因此就产生了人与人之间的差别。你要知道如果有件事你每天要花30分钟时间去做，在你一生当中那就是一年！现代管理大师彼得·德鲁克有这样一句名言："时间是最高贵而有限的资源，不能管理时间，便什么都不能管理。对时间的管理直接关系到工作效率的高低。"为什么说"人是被自己打败的"，其道理就在这儿。

如果你整天在办公室忙忙碌碌，走来走去，书桌上各种公文及资料堆积如山，似乎每天都有忙不完的工作。实际上你是在对时间

的管理上产生了偏差，由此造成工作效率的低下。你不是忙得没有时间，而是没有管理好自己的时间。我们不应被动地被时间牵着鼻子走，而应主动地掌控时间，让有限的时间发挥更大的效用。

一个不会管理时间的人，他生命中的许多时光处在一种浪费状态中，并随时可能会浪费他人的时间。一个会管理时间的人，总能泰然自若地待人处世，将应处理的事、应完成的事在自己规定的时间内完成，非常有效率。学会管理自己的时间，在某种程度上可以说，这也是为了更好地享受有限的人生。

你可以适当运用各种针对自身的管理工具。如果学会更有效地使用多种管理工具，将会在同样多的时间里使自己的工作更加富有成效。下面的几个时间管理工具或许对你非常有用：

（1）记录下自己的时间分配情况。要有效地管理好自己的时间，做到真正卓有成效，首先应该了解自己的时间实际上是怎么耗用的。分析自己的时间，也是系统地分析自己的工作，鉴别工作重要性的一种方法。

（2）划分工作时区。将一天的时间分成几块来处理某些固定的事情，以免被其他事情所扰。比如，在特定的时间段阅读和回复电子邮件，在特定的时间段处理文件、答复客户的要求、打重要的电话等等。这样的安排，可以帮助你更快地完成工作。

（3）能够很快地找到你要的东西。有关机构对美国200家大公司职员作调查时发现，公司职员每年都要把六周时间浪费在寻找乱放的东西上面。这意味着，他们每年要损失10%的时间。对此有一条最好的原则：不用的东西扔掉，不扔掉的东西分门别类保管好。

（4）工作最好一次完成，不可时断时续。研究发现，造成职员浪费时间最多的是时断时续的工作方式。因为重新工作时，需要花时间调整大脑活动及注意力，才能在停顿的地方接下去做。

（5）事前有准备。偶发延误是最浪费时间的情况，避免这种情况出现的唯一办法是预先安排工作。事前有准备，你能把本来会失去的时间化为有用的时间。

（6）不要拖拖拉拉。有些人花许多时间思考要做的事，担心这个担心那个，找借口推迟行动，又为没有完成任务而悔恨。在这段时间里，其实他本来能完成任务而且应转入下一个工作了。

（7）有策略地安排开会的时间。如果是由你主持召开会议，将开会时间安排在上午11∶00比较合适，告诉每一位与会人员会议将在中午12∶00结束，这样就不太可能拖延。人们在肚子饿时，会比较迅速地切入正题。

（8）改进工作方法。简单事情处理改进的余地不大，但一些复杂事物的处理，多动动脑子，往往可以找到减少处理时间的办法。

（9）充分利用零碎时间。实际工作中，你会发现有很多没有工作任务的小时间片段，时间长了，这些小的时间片段累计起来很可观。因此你要学会利用时间片段，做一些有用的事情。这样，在相同的时间内，可能你所做的事情比别人多很多。

（10）注重劳逸结合。计划不要排得满满的，一是要安排适当的休息时间，二是要留有一些余量，因为一项工作到底要多少时间你不一定能准确计算。不会休息就不会工作，适当的休息反而有助于提高整个工作效率，减少工作中的差错。

人的一生绝大部分时间都是在工作，我们必须想方设法掌控好自己的工作时间。当你在有限的工作时间内，将所有预定的工作全

部做完而且井井有条，不再觉得有许多忙不完的事，不再觉得工作纷繁复杂，还需要经常加班加点，不再会遗忘某些重要事情，那么，恭喜你，你已经有效地掌控了自己的时间，成了时间的主人。

随时警惕你的"时间窃贼"，切记珍惜时间就是珍惜生命。时间来得匆匆去得也匆匆，要想使自己的生活更有意义，就应该珍惜属于自己短暂的时间。并把这些时间用在工作上，这样一来你一定会大有收获。

不用太计较得失

常言道：一份耕耘一份收获。然而，现实中很多时候辛勤耕耘却一无所获，付出总是无法和收获成正比。于是，懊恼、埋怨、沮丧实在令人们感到痛心，疑惑无时不在困扰着你，为什么辛辛苦苦地付出却得不到应有的回报？

也许，你冒着绵绵的春雨，精心播种着稻谷，顶着炙热的骄阳在田里辛勤耕耘，期待秋天有个好收成，结果天不作美，一场洪水或旱灾使你的希望化为泡影。于是，你倾其所有，但却收获甚微，面对着惨痛的情形，你欲哭无泪。

也许，你为公司精心策划了一个方案，熬了几个通宵，废寝忘食地查资料，作计划，下笔千言，激情满怀，把自己对未来的憧憬，对工作的热爱都融入到这份计划里。结果，上司并不赏识，甚至被贬得一文不值，还要花上几倍的时间重新修改，更要命的是修改后依然不被采用。于是，你的满腔热情，被一瓢冷水浇得透心凉，你深深为付出与收获的不平等而气恼。

也许，你在学校比很多同学都努力，你铆足了劲用功学习，寒窗苦读，悬梁刺股，然而，每次的考试都令你大失所望，最终名落孙山，与大学擦肩而过，成为一名复读生。于是，痛苦、失落让你过早地体味到了优胜劣汰的滋味，你仰天大喊：为什么受伤的总是我？

也许，你全身心地投入一段感情，为心爱的人甘愿赴汤蹈火，付出了全部的感情，结果有的人却只得到50%的回报，甚至人财两空，落得个遍体鳞伤，这样不公平的回报，令你痛不欲生。于是，你终日为情所困，你的真情付出却得到了虚情回报，你对爱情早已丧失了信心，不再相信世界还有真情。

有这么一个感人的故事。

从前有一棵树，她好爱一个小男孩。每天男孩都会跑来，收集她的叶子，把叶子编成皇冠，扮起森林里的国王。男孩会爬上树干，抓着树枝荡起秋千，吃吃苹果。他们会一起玩捉迷藏，玩累了，男孩就在她的树荫下睡着。男孩很爱这棵树，树很快乐。

日子一天天地过去。

男孩长大了，树常常觉得很孤单……有一天男孩来到树下，树说："来啊，孩子，来，爬上我的树干，抓着我的树枝荡秋千，吃吃苹果，在我的树荫下玩耍，快快乐乐的。"

"我不是小孩子了，我不要爬树和玩耍，"男孩说，"我要买东西来玩，我要钱。你可以给我一些钱吗"？

"真抱歉，" 树说，"我没有钱。我只有树叶和苹果。孩子，拿我的苹果到城里去卖。这样，你就会有钱，你就会快乐了"。

于是男孩爬到树上，摘下她的苹果，把苹果通通带走了。树很快乐。

男孩又过了很久没有再来……树好伤心。

有一天男孩回来了，树高兴的发抖，她说："来啊，孩子，爬上我的树干，抓着我的树枝荡秋千，快快乐乐的"。

"我太忙了，没时间爬树" 男孩说，"我想要一间房子保暖，我想要妻子和小孩，所以我需要房子，你能给我一间房子吗"？

"我没有房子，" 树说 "森林就是我的房子，不过你可以砍下我的树枝去盖房子，这样你就会快乐了"。

于是男孩砍下了她的树枝，把树枝带走去盖房子。

树很快乐。

可是男孩又很久都没有再来，所以当男孩再回来时，树好快乐，快乐得几乎说不出话来，"来啊，孩子……" 她轻轻地说，"过来，过来玩啊！"

男孩说："我又老又伤心，玩不动了，我想要一条船，可以带我离开这里，你可以给我一艘船吗"？

"砍下我的树干去造船吧！这样你就可以远航，你就会快乐" 树说。

于是男孩砍下她的树干造了条船，坐船走了。

树很快乐。

但并没有过很久那男孩就再回来了。

"我很抱歉，孩子，" 树说，"我已经没有东西可以给你了，我的苹果没了。"

"我的牙齿也咬不动苹果了。"男孩说。

"我的树枝没了，你不能在上面荡秋千。"树说。

"我太老了，没有办法在树枝上荡秋千。"男孩说。

"我的树干没了，你不能爬。"树说。

"我太累了，爬不动的。"男孩说。

"我真希望我能给你什么，可是我什么也没了，我只剩下一块老树干。我很抱歉……"

"我现在要的不多，"男孩说，"只要一个安静可以休息的地方，我好累好累。"

"好啊！"树一边说，一边努力挺直身子，"正好，老树根是最适合坐下来休息的。来啊孩子，坐下来，坐下来休息。"

男孩坐了下来，树很快乐，很快乐。

其实，付出与收获很难达到百分之百的公平，更多的时候是付出多于回报。父母含辛茹苦地养育我们，但他们从来不要求回报什么，老师辛辛苦苦地培育我们，也同样没有要求我们有所回报，他们都在默默地尽自己的职责。因为他们懂得只要自己在学习中，工作中尽职尽责，勤勤恳恳，即使付出很多，收获很少，同样能获得成功。

有付出就一定有收获，这是一个永恒不变的真理。付出中，你一定会经受多次失败的考验，从跌倒中爬起，在失败中开拓，你早已胜券在握，这难道不是收获吗？失败成就硕果，这就是最大的收获。只要我们问心无愧，又何必计较收获的少与多呢？

竭尽全力，一丝不苟

每一位在事业上取得成功的人，无一不是全心全意、尽职尽责、精通自己的工作，一丝不苟地把工作做得最完美。

有些二十几岁的年轻人看到别人取得成绩时，不在自己身上找原因，而是怨天尤人，眼高手低。与其这样倒不如客观地看清自己，找出自己的不足，并加以改正。有两个要好的伙伴同时受雇于一家超级市场，开始时大家都一样，从最底层干起。可不久其中的一个受到总经理的青睐，一再被提升，从领班一直到部门经理。另外一个却像被遗忘了一般，还在最底层混。终于有一天这个被遗忘的人忍无可忍，向总经理提出辞呈，并痛斥总经理狗眼看人，辛勤工作的人不提拔，倒提拔那些溜须拍马的人。

总经理耐心地听着，他了解这个小伙子，工作肯吃苦，但似乎缺了点什么，缺什么呢？三言两语说不清楚，说清楚了他也不服，看来……他忽然有了个主意。

"小伙子，"总经理说，"你马上到集市上去，看看今天有什么卖的。"

这个人很快从集市上回来说，刚才集市上只有一个农民拉了车胡萝卜在卖。

"一车大约有多少袋，多少斤？"总经理问。

他又跑去，回来后说有 40 袋。

"价格是多少？"他再次跑到集市上。

总经理望着跑得气喘吁吁的他说："请休息一会儿吧，看看你的朋友是怎么做的。"说完叫来他的朋友，并对他说："你马上到集市上去，看看今天有什么卖的。"

他的朋友很快从集市上回来了，汇报说到现在为止只有一个农民在卖胡萝卜，有 40 袋，价格适中，质量很好，并带回几个让总经理看。这个农民一会儿还将弄几箱黄瓜上市，据他看价格还公道，可以进一些货。想这种价格的黄瓜总经理大约会要，所以他不仅带回来几个黄瓜做样品，而且把那个农民也带来了，他现在正在外面等回话呢。

总经理看了一眼在一旁红了脸的小伙子，说："这就是你朋友得到晋升的原因。"人与人之间的能力差异是客观存在的，只有正确认识自我，分析自我，了解自我，才能更好地发掘自我潜能，找到最适合自己的位置。

有一位在银行工作的人，立志要读中国人民银行总行的研究生部的研究生。几部厚厚的参考书，他翻来覆去地看了许多遍，准备得非常充分，但命运却一次又一次地捉弄他，连年考试他都是榜上无名。

痛定思痛，经过数次失败，他渐渐发觉，"中国人民银行总行的研究生"并不是一个最适合他的位置，他决定不再为此耗费青春，他要证明他的价值，决定从别的方面入手。

在业余时间，很多同事或朋友总拿来一些古代的钱币请他鉴别，他耐心地回答每一个问题。到后来，由于请教的人实在太多了，于是他想自己何不编写一本中国历代钱币鉴别方面的书呢？一则可以

将自己现有的关于钱币的知识系统化、清晰化，二则可以给喜欢收集、鉴别钱币的朋友提供查询的方便。

几个月后，他终于完成了这本书的编写。一家出版社看中了这本书，首次印刷了5万册，不到3个月的时间就销售一空。

坐在自己的位置上，做自己力所能及、得心应手的事，并在此基础上，激发自身的潜能，不断地试图超越自我，才能找到属于自己的"飞"的感觉。只有反省自己，认识自己，才能成就自己。

无论从事什么职业，都应该精通它。让这句话成为你的座右铭吧！下决心掌握自己职业领域的所有问题，使自己变得比他人更精通。如果你是工作方面的行家里手，精通自己的全部业务，就能赢得良好的声誉，也就拥有了一种潜在成功的秘密武器。

有的时候，你必须知道自己是普通的沙粒，而不是价值连城的珍珠。你要卓尔不群，那要有鹤立鸡群的资本才行。忍受不了打击和挫折，承受不住忽视和平淡，就很难达到辉煌。

由于不精于自己的工作，在工作中造成巨大的失误，给人们带来了无穷的祸患，而这些悲剧是完全可以避免的。几年前，在加利福尼亚的一个小镇上，因为筑堤没有按设计图纸去筑石基，结果导致堤岸决堤，全镇被水淹没，无数人被淹死。这种由于工作疏忽引起的悲剧，几乎在世界的每个角落都时有发生。这带给我们的一个警示就是：每一个人的工作都与他人有关。

要培养一丝不苟的敬业精神和严谨的工作作风，培养超凡的技能。它既能带领普通人往好的方向前进，更能鼓舞优秀的人追求卓越。

无论做什么事，都必须竭尽全力，无私付出。只有这样才能做出成绩。

第七章
二十几岁不自律,三十几岁无前途

　　著名哲学家苏格拉底说:"控制自己的人才能控制世界。"人只有控制自己,克服人生前进过程当中的障碍,才能获得成功。人在二十几岁的时候,体力精力充沛,生理机能达到顶峰,但是也往往不知道珍惜和节制,自由散漫,在很多事情上不能控制自己,浪费了自己的时间和精力,一事无成。要想在未来有个好的前途,那么从现在开始,控制好你自己。

学会控制自己的情绪

一位哲人说："情绪是伴随着人们的思维而产生的，情绪上或心理上的困扰是由于不合理的、不合逻辑的思维所造成的。"现实社会当中，很多人，尤其是二十几岁的年轻人，非常不善于控制自己的情绪，因为一些小事情就暴跳如雷，情绪激动，往往给自己和别人都造成许多伤害和困扰。

有些人，总是喜欢无所不用其极去伤害别人，造成别人的痛苦。而我们也总是被别人所影响。一般人的情感比较脆弱，容易生气，和别人争执也多，大部分的人皆属于平凡人，所以，都有生气的时候。情绪失控是一种选择，也是一种习惯，是对挫折、被侵犯以及不合理对待的反应。

美国生理学家艾尔玛曾做过一个简单实验，研究情绪对健康的影响。他将一支支玻璃管插在摄氏零度、冰和水混合的容器里，借以收集人们不同情绪时呼出来的"气水"。结果发现，心平气和时呼出的气，凝成的水澄清透明，无色、无杂质。如果生气，则会出现紫色的沉淀物。研究者将这"带有紫色沉淀的水"注射到白老鼠身上，几分钟后，老鼠居然死了。

可见负面情绪对人的危害有多大。我们每个人都有情绪。每当遇到一些我们认为对自己不公平的或者懊恼的事情的时候，我们的情绪就会爆发,致使我们做出许多正常情况下不会做的事情。也许你并非出自本意,可是造成的伤害已经无法弥补了。

从前,有一个脾气很坏的男孩。他的爸爸给了他一袋钉子,告诉他,每次发脾气或者跟人吵架的时候,就在院子的篱笆上钉一根。第一天,男孩钉了 37 根钉子。后面的几天他学会了控制自己的脾气,每天钉的钉子也逐渐减少了。他发现,控制自己的脾气,实际上比钉钉子要容易得多。终于有一天,他一根钉子都没有钉,他高兴地把这件事告诉了爸爸。

爸爸说:"从今以后,如果你一天都没有发脾气,就可以在这天拔掉一根钉子。"日子一天一天过去,最后,钉子全被拔光了。爸爸带他来到篱笆边上,对他说:"儿子,你做得很好,可是看看篱笆上的钉子洞,这些洞永远也不可能恢复了。就像你和一个人吵架,说了些难听的话,你就在他心里留下了一个伤口,像这个钉子洞一样。插一把刀子在一个人的身体里,再拔出来,伤口就难以愈合了。无论你怎么道歉,伤口总是在那儿。要知道,身体上的伤口和心灵上的伤口一样都难以恢复。你的朋友是你宝贵的财产,他们让你开怀,让你更勇敢。他们总是随时倾听你的忧伤。你需要他们的时候,他们会支持你,向你敞开心扉。"

我们的情绪就像一根根钉子,会在爆发的时候给别人带来心灵的伤害。或许你认为你只是一时的气话,可是给人们带来的伤害却是永远也抹不掉的,就像每个钉子洞,永远也无法抹去。人们因此而远离你,疏远你。你也会因为失去了人们的支持和帮助而孤立无援。

有些人认为自己的情绪是天生的，无法控制。但其实只要每个人用心去做，都是可以控制自己的情绪的。

盘圭禅师说法时不仅浅显易懂，也常在结束之前，让弟子提问题，并当场解答，因此不远千里慕名而来的信众很多。

有一天，一个弟子请盘圭禅师开示："我天生暴躁，不知要如何改正？"

盘圭问："是怎么一个'天生'法？你把它拿出来给我看，我帮你改掉。"弟子说："不！现在没有，一碰到事情，那'天生'的性急暴躁，才会跑出来。"盘圭说："如果现在没有，只是在某种情况下才会出现，那么就是你和别人争执时，自己造出来的，现在你却把它说成是'天生'的，将过错推给父母，实在是太不公平了。"经此指点，弟子会意，再也不轻易地发脾气了。

可见，没有天生的脾气。大自然因缘聚合，包罗万象，我们的本性中包含了善与恶，所谓"心生则种种法生，心灭则种种法灭"。任何人只要有心，没有改不了的恶习。

人之所以会生气，主要是外在环境的刺激，只有圣人或傻子不会生气。平凡人皆会因为生活中的种种琐事或环境而生气，能够在生气后自省或是生完气自己有所觉察的人，就已经不容易了。

但是真正的成功者，往往都是善于控制自己情绪的人。他们能够把一时的情绪忍耐下来，采取平和的心态应对。

三国时期，蜀相诸葛亮亲自率领蜀国大军北伐曹魏，魏国大将司马懿采取了闭城休战，不予理睬的态度对付诸葛亮。他认为，蜀军远道来袭，后援补给必定不足，只要拖延时日，消耗蜀军的实力，一定能抓住良机，战胜敌人。

诸葛亮深知司马懿"沉默"战术的厉害，几次派兵到城下骂阵，企图激怒魏兵，引诱司马懿出城决战，但司马懿一直按兵不动。诸葛亮于是用激将法，派人给司马懿送去一件女人衣裳，并修书一封说："仲达不敢出战，跟妇女有什么两样。你若是个知耻的男儿，就出来和蜀军交战，若不然，你就穿上这件女人的衣服。""士可杀不可辱。"这封充满侮辱轻视的信，虽然激怒了司马懿，但并没使老谋深算的司马懿改变主意，他强压怒火稳住军心，耐心等待。相持了数月，诸葛亮不幸病逝军中，蜀军群龙无首，悄悄退兵，司马懿不战而胜。如果司马懿不能忍一时之气，出城应战，那么或许历史将会改写。如果情绪失控是一种习惯，那么控制情绪也是一种习惯。

在任何时候，情绪失控都解决不了任何问题，却反而会把事情弄得更糟，会让人们对你的印象更差。情绪失控没有半点好处，但是却会给你带来很多负面的效果。有句话说"冲动是魔鬼"。情绪像个魔鬼，存在于你的体内，如果你稍不留神，它就会跑出来，毁掉你的一切。或许是你苦心经营的家庭，或许是你辛辛苦苦积累的事业，可能都会因为一次情绪的失控而结束。一个人在发怒时，总是气势汹汹如临大敌似的，与其选择抑制怒气，不如选择提高对外在环境的免疫力，不要轻易陷入情绪失控的陷阱中。

的确，学会控制自己的情绪非常重要。一个人即使取得的成就再高，一次情绪失控就可能毁了他一生。美国情绪管理专家帕德斯指出，平时锻炼自己控制情绪的能力，养成自制的习惯，有助于在

情绪发作时拥有更好的反应能力。到底怎么样察觉情绪、控制情绪呢？以下提供几个情绪管理的方法。

第一，体察自己的情绪。也就是，时时提醒自己注意"我现在的情绪怎么样"？例如，当你因为朋友约会迟到而对他冷言冷语，问问自己："我为什么这么做？我现在有什么感觉？"如果你察觉你已对朋友三番两次的迟到感到生气，你就可以对自己的生气作更好的处理。有许多人认为"人不应该有情绪"，所以不肯承认自己有负面的情绪。要知道，人一定会有情绪的，压抑情绪反而带来更不好的结果，学着体察自己的情绪，是情绪管理的第一步。第二，适当表达自己的情绪。再以朋友约会迟到的例子来看，你之所以生气可能是因为他让你担心，在这种情况下，你可以婉转地告诉他："你过了约定的时间还没到，我好担心你在路上发生意外。"试着把"我好担心"的感觉传达给他，让他了解他的迟到会带给你什么感受。什么是不适当的表达呢？例如，你指责他："每次约会都迟到，你为什么都不考虑我的感觉？"当你指责对方时，也会引起他负面的情绪，他会变成一只刺猬，忙着防御外来的攻击，没有办法站在你的立场为你着想，他的反应可能是："路上塞车嘛！有什么办法，你以为我不想准时吗？"如此一来，两人开始吵架，别提什么愉快的约会了。如何"适当表达"情绪，是一门艺术，需要用心地体会、揣摩。

第三，以合宜的方式疏解情绪。疏解情绪的方法很多，有些人会痛哭一场，有些人会找三五个好友诉苦一番，另些人会逛街、听音乐、散步或逼自己做别的事情以免老想起不愉快的事。比较糟糕的方式是喝酒、飙车，甚至自杀。要提醒各位的是，疏解情绪的目的在于给自己一个厘清想法的机会，让自己好过一点，也让自己更有能量去面对未来。如果疏解情绪的方式只是暂时逃避痛苦，而后需承受更多的痛苦，这便不是一个合宜的方式。有了不舒服的感觉，要勇敢地面对，仔细想想，为什么这么难过、生气？我可以怎么做，将来才不会再重蹈覆辙？怎么做可以降低我的不愉快？这么做会不会带来更大的伤害？根据这几个角度去选择适合自己且能有效疏解情绪的方式，你就能够控制情绪，而不是让情绪来控制你！

自我控制是一种重要的能力

伟大的诗人歌德，他曾经告诫人们："不论做任何事情，自律都至关重要。"自我节制，自我约束，是一种控制能力，尤其控制人们的性格和欲望，一旦失控，便会变得随心所欲，结局必将一败涂地，不可收拾。

中国近代哲学在对人性进行探讨时，曾用"趋利避害"这四个字来概括人的本性。追求利益和逃避苦难出自人的本能，是天性，关键看你后天如何驾驭。

从伦理学的角度来说，一切法律条文、道德规范都是"他律"，是追求文明的"下下策"。只有出自每个人内心的、主动的"自

律"，才是建设精神文明的根本途径。

一个人不能自我控制，后果是非常可怕的。

成功学家卡内基曾经访问过全美国 100 多所著名的监狱，他特地采访那些犯重罪的人，想了解他们为什么会成为罪犯。他采访调查数以万计的囚犯之后，得出了一个结论："人之所以犯罪，是因为他们难以控制自己。"是的，当他问到很多连续杀人的重犯："你为什么会去杀人，难道你不知道这是会坐牢吗?"他们回答说："知道，但是当时我就是无法控制自己。"

所谓自律，就是针对自身的情况，以一定的标准和行为规范指导自己的言行，严格要求自己和约束自己。"金无足赤，人无完人"。世界上没有十全十美的人，每个人都会有缺点错误。

一个自律的人应该经常检查自己，对自己的言行进行自省，纠正错误，改正缺点，这是严于律己的表现，是不断进取的重要方法和途径。有错误和缺点不怕，可怕的是无视它，不去改正它。

一个自律的人，应该是一个懂得自爱、勇于自省、善于自控的人。自律，它能使人明于自知，使人养成良好的行为习惯，使人学会战胜自我，使人身心健康，使人高尚起来，建立良好的人际关系，同时它是一个人修养的起点和基本要求，也是一个人行动自由所必需的条件。

一个人能够自律，说明他的修养已达到了较高的境界。自律是一种信仰，自律是一种素质，自律是一种觉悟，自律是一种自爱，自律是一种自省，自律是一种自警。

卡皮也夫说："思想和格言可以美化灵魂，正如鲜花可以美化房间一样。"要想做一名有益于社会的人，就要针对自己的实际，选择相关的名言、警句、格言，作为自己的座右铭，用以勉励自己，提醒自己，警戒自己。人世间，最顽强的"敌人"是自己；最难战胜的也是自己。

许衡是我国古代杰出的思想家、教育家和天文历法学家。一年夏天，许衡与很多人一起逃难。在经过河阳现时，由于长途跋涉，加之天气炎热，所有人都感到饥渴难耐。

这时，有人突然发现道路附近刚好有一棵大大的梨树，梨树上结满了清甜的梨子。于是，大家都你争我抢地爬上树去摘梨来吃，唯独许衡一人，端正坐于树下不为所动。

众人觉得奇怪，有人便问许衡："你为何不去摘个梨来解解渴呢？"许衡回答说："不是自己的梨，岂能乱摘！"问的人不禁笑了，说："现在时局如此之乱，大家都各自逃难，眼前的这棵梨树的主人早就不在这里了，主人不在，你又何必介意？"

许衡说："梨树失去了主人，难道我的心也没有主人吗？"许衡始终没有摘梨。

混乱的局势中，平日约束、规范众人行为的制度在饥渴面前失去了效用。许衡因心中有"主"则能无动于衷。许衡心目中的这个"主"就是自律，有了自律，才能在没有纪律约束的情况下亦能牢牢把握住自己。

对于二十几岁的年轻人来说，自律是相当重要的一种能力。一个人只有能控制住自己，去做自己认为合理和对的事情，才能够避免出错，在人生的道路上越走越快。这是一个人成功的方法，也是

一个人成功所必须具备的素质。

如果一个人只看自己的心情和一时的方便而行事，肯定不会成功的，更不要说别人尊重并跟随他了。有一句话说得好："完成重要任务有两项不可缺少的伙伴：一是计划，二是不太够用的时间。"作为一位领袖，你的时间相当紧凑，所以免不了要作计划。如果你能够订出何者最为重要，刻意从其他的事情中抽身出来，这会让你有足够的精力去完成首要的任务。这正是自律的基本精神所在。

一对老夫妇来到露营区扎营，两天之后，有一家人也到达隔壁的营地。当这家人的度假车一停稳妥当，就看见这对夫妇和三个孩子一拥而下，一个孩子迅速地搬下冰柜、背包和其他用品，另外两个孩子立即把帐篷支开，前后不到 15 分钟，整个营盘便布置就绪。

隔壁的老夫妇看得目瞪口呆。"你们这家人真是少见的露营高手呀！"老先生充满赞佩地对新邻居称赞道。"其实做事情只要有系统就好办多了，"隔壁的年轻爸爸回答，"我们事先规定，在营地架设完成之前，没有一个人可以去洗手间。"

培养自律最佳的方式是为自己制定系统及常规，特别是在你视为重要的需要长期的成长及追求成功的指标项目上。例如：为了持续的写作及演讲，每天固定将所读的资料存档起来，以作为日后参考之用。

二十几岁的年轻人，经常会表现出冲动、幼稚等等行为，很难约束住自己，这也经常让他们成为职场或者生活当中的"众矢之的",他们常常因为管不住自己做一些明知道是不对的事情。比如:吸毒、打架和赌博。他们这样做无异于毁掉了自己。

一个对自我控制力高的人,很难想象他不能做什么事。自律的人通常都能够表现出一种非常强的规律和节奏,让人们感到安全和踏实。人们把事情交给他也会很放心。自律的人无论是做自己的事业还是在职场,无疑都会得到人们的尊重和欢迎。

所以,如果你想成功,那么就必须培养自己自我控制的能力。

自我反省益处多

思想家孔子曾经说,"吾每日必三省吾身",自省是一个人提升自己,改变自己的最好方式。一个人对自己应该有一个清醒的认识,内省就能帮你做到这一点,它会帮你认清自己、正确地评价自己。

在人的各种智能中,内省智能是非常重要的一项智能。它又叫自省智能。自省是自我动机与行为的审视与反思,用以清理和克服自身缺陷,以达到心理上的健康完善。它是自我净化心灵的一种手段,从心理上看,自省所寻求的是健康积极的情感、坚强的意志和成熟的个性。它要求消除自卑、自满、自私和自弃,消除愤怒等消极情绪,增强自尊、自信、自主和自强,培养良好的心理品质。

自省者审视自我,使个性心理健康完善,摆脱低级情趣,克服病态畸形,净化心灵。自省有助于强者伦理人格的完善,和良好心

理品质的培养，同时也成为强者的特征之一。

自我省察对每一个人来说都是严峻的。要做到真正认识自己，客观而中肯地评价自己，常常比正确地认识和评价别人要更困难得多。能够自省自察的人，是有大智大勇的人。

哲学家亚里士多德认为，对自己的了解不仅仅是最困难的事情，而且也是最残酷的事情。心平气静地对他人、对外界事物进行客观的分析评判，这不难做到，但这把"手术刀"伸向自己的时候，就未必能让人心平气静、不偏不倚了。然而，自我省察是自我超越的根本前提。要超越现实水平上的自我，必须首先坦白诚实地面对自己，对自身的优缺点有个正确的认识。

前苏联的氢弹之父——安德烈·D. 萨哈罗夫曾说过："我开始觉得自己对由核爆炸造成的放射性污染问题负有责任，事实表明，核爆炸时产生的放射性物质，如果被地球上生存的上亿人吸收将会导致几种疾病的发病率增高和更多的婴儿出生时带有缺陷。造成这种情况的原因是所谓的阈下生物效果，例如对遗传的负荷者——DNA的破坏。核爆炸时产生的放射性物质进入大气时，每一百万吨级的爆炸力就意味着上千人成为未知受害者。"这个最大杀伤性武器的创造者最后得出的结论却是：无论不公正和暴力在哪里出现，都应当认为它是不正当的。他获得了诺贝尔和平奖。

在人生道路上，成功者无不经历几番蜕变。蜕变的过程，也就是自我意识提高、自我觉醒和自我完善的过程。人的成长就是不断地蜕变，不断地进行自我认识和自我改造。对自己认识得越准确越深刻，人取得成功的可能性越大。在每个人的精神世界里，都存在着矛盾的两面：善与恶，好与坏，创造性和破坏欲。你将成长为怎样的人，外因当然起作用，但你对自己不断地反思，不断地在灵魂世界里进行自我扬弃，内省所起的作用是不能低估的。

一个真正成熟的人，应该在充分认识客观世界的同时，充分看透自己。

常会遇到这样一些人，他们身上有些缺点那么令人讨厌：他们或爱挑剔、喜争执，或小心眼、好嫉妒，或懦弱猥琐，或浮躁粗暴……这些缺点不但影响着他们的事业，而且还使他们不受人欢迎，无法与人建立良好的人际关系。

许多年过去了，这些人的缺点仍丝毫未改，细究一下，他们的心地并不坏，他们的缺点未必都与道德品质有关，只是他们缺乏自省意识，对自身的缺点太麻木了。本来，别人的疏远，事业的失利，都可作为对自身缺点的一种提醒。但都被他们粗心地忽略了，因而也就妨碍了自身的成长。用诚实坦白的目光审视自己，通常是很痛苦的，也是难能可贵的。人有时会在脑子里闪现一些不光彩的想法，但这并不要紧，人不可能各方面都很完美、毫无缺点，最要紧的是能自我省察。

凡属对自身的审视都需要有大勇气，因为在触及到自己某些弱点、某些卑微意识时，往往会令人非常难堪、痛苦。不论是对自己、对自己的偏爱物、对自己的民族传统、对自己的历史，都是这样。但是，无论是痛苦还是难堪，你都必须去正视它。不要害怕对自己进行深入的思考，不要害怕发掘自己内心不那么光明、甚至很阴暗的一面。

勇士称号不仅属于手执长矛、面对困难所向无敌的人，而且属于敢于正视自己、改造自己，使自己得到升华和超越的人。

当然，自我省察不仅仅是对自己的缺点勇于正视，它还包括对自己的优点和潜能的重新发现。每个人都有巨大的潜能，每个人都有自己独特的个性和长处，每个人都可以通过自省发挥自己的优点，通过不懈的努力去争取成功。认识自我，是每个人自信的基础与依据。即使你处境不利，遇事不顺，但只要你的潜能和独特个性依然存在，你就可以坚信：我能行，我能成功。

一个人在自己的生活经历中，在自己所处的社会境遇中，能否真正认识自我，肯定自我，如何塑造自我形象，如何把握自我发展，如何抉择积极或消极的自我意识，将在很大程度上影响或决定着一个人的前程与命运。

换句话说，你可能渺小而平庸，也可能美好而杰出，这在很大程度上取决于你是否能够反省，充分地认识自己。认识自我，你就是一座金矿，你就一定能够在自己的人生中展现出应有的风采。

名利之心不能太盛

很多人总是把得失看得太重，把名利看得太重，期望自己位高权重，期望能拥有万贯家财，这样通常会备受名利折磨，轻者身心劳累，重者害人害己。

生活中，很多人拥有金钱，但却并不快乐，他们对金钱垂涎欲滴。整日挖空心思、千方百计想要得到金钱的人，恐怕永远也不会快乐而且身心劳累。

四大吝啬鬼之一的严监生，都快死了，已经讲不出话来了，还是大瞪着两眼，直竖着两根指头不肯咽气。像他这样的人，绞尽了脑汁，"辛苦"经营了一辈子，挣下了万贯的家财，本来是可以带着"成就感"心满意足地去了，可是他却死活不肯咽下最后一口气。旁边的族人皆不明白严监生直竖的两根指头到底是什么意思，最后还是他的小儿媳妇机灵，因为她发现严监生的两眼死死地瞪着桌旁的油灯。油灯里燃着两根灯草，严监生伸着两根指头不就是不满意燃着的两根灯草吗？按照这严家的规矩，本着"节俭"的原则，应该熄掉一根灯草才是。于是小儿媳妇赶紧跑过去熄掉了一根灯草。这招真是灵验，一根灯草刚熄，严监生就咽气了。

世上类似于严监生这样临死了还被自己无尽的贪欲折磨着的人虽然不多，但是为了名，为了利，整日处心积虑，乃至不择手段的人实在是太多了。得到了名利也许能给你短暂的满足和快乐，然而名利如浮云，你能够得到它，也会不留一丝痕迹地失去它。生命对每一个人来说就是单程旅行，没有回头路可走，所以，尽量使自己的灵魂沉浸在轻松、自在的状态，这是最好不过的。

严监生还只是小贪，胡长清之流却是大贪。胡长清，身居副省长之要职，却嫌副省长之名太过严肃，也想附庸风雅，来个青史留名。他觉得作为一个领导，到哪儿都少不了给人家题词，这可是留下墨宝、青史留名的好机会，于是他在这方面下起工夫来。社会上

不少善于钻营溜须拍马之人摸透了胡长清的心思，在付出了极大的代价讨得胡副省长的"墨宝"之后赞不绝口，弄得胡长清飘飘然起来，还真以为他清除了当副省长之外还应该至少当个书法家协会副理事长才行。更为可笑的是，痴于虚名到了极点的胡长清，在银铛入狱之后，得知自己罪大恶极，民愤极大，不久就要被枪毙，还跪在狱警面前，痛哭流涕地对狱警说他不想死，他愿意坐牢，在牢中他会给狱警们写书法，让狱警们拿着他的"墨宝"去卖个好价钱。瞧，贪得无厌的胡长清，死到临头了还在做梦。他不知道，自他犯事之日起，他以前所有留下的"墨宝"，早不知让别人扔到哪个垃圾堆里去了。可叹一个胡长清，好不容易当上了副省长，却怎么也摆脱不了自己无尽欲望的控制，要钱不怕多，要名嫌名小，最终落得个遗臭万年的可悲下场。

人人都有名利之心，这是不可避免的，但是一个人要求富贵，必须得之有道，持之有度。就生活的价值而言，如果我们能够体味人生的酸甜苦辣，没有虚度时光，心灵从容充实，则不管我们是贫是富皆可以满意了。

富贵荣华生不带来，死不带走。如果我们看破了这一点，对于世间的荣华富贵不执著和贪恋，那么我们的心胸自然就会平静如水。

有些人总是费尽心机地追逐金钱和地位，一旦愿望实现不了，便口出怨言，甚至生出不良之心，采用不义手段来为自己谋利，到头来还会因此害了自己，庄子曾说过："不为轩冕肆志，不为穷约趋俗，其乐彼与此同，故无忧而已矣。"这句话大意是说那些不追求官爵的人，不会因为高官厚禄而沾沾自喜，也不会因为穷困潦倒、前途无望而趋炎附势、随波逐流，在荣辱面前一样达观，所以他也就无所谓忧愁。庄子主张"至誉无誉"。在他看来，最大的荣誉就是没有荣誉。他把荣誉看得很淡，他认为，名誉、地位、声望都算不了什么。尽管庄子的"无欲"、"无誉"观有许多偏激之处，但是当我们为官爵所累、为金钱所累的时候，何不从庄子的训喻中发掘一点值得借鉴的东西呢？

其实人活着就是为了享受快乐，但生活中很多人由于贪心过重，为外物所役使，终日奔波于名利场中，每天抑郁沉闷，不知人生之乐，所以我们不妨花点时间，平心静气地审视一下自己，是否在心中藏着许多欲求而不可得的小秘密，是否常常被这些或名或利的欲望搅得心烦意乱。

心中有点小秘密是正常的，因为每个人总会有着这样或那样的欲求，只不过有的人懂得如何正确地面对这些或者正当或者不正当的欲求：正当的欲求，他会尽量去满足，实在凭自己的能力满足不了的，他也会平心静气地面对这样的事实；不正当的欲求，他会为此而感到内疚，感到惭愧，会在心底检讨自己，不会发展到为了这样的欲求而不择手段的地步。但也有人不会控制自己的名利之心，结果贻误了自己，毁了一生。

自律的造就卓越

你一定有过这样的经验：当你站在沙堆里，无论怎么使劲跳，总是不如在结实的路面上跳得高、跳得远。其实，做工作也是如此。如果你总是好高骛远，不能踏踏实实地做好平凡的工作，也就等于没有坚实的基础，那又怎么能取得进步呢？

所以，不管做什么事、担任什么职位，都要脚踏实地、全力以赴，这样你才会越发能干，同时心智也会成长起来，等于为你追求更大的成功奠定了坚实的基础。

有人会说："我这份工作不值得一做。像我这么聪明能干的人不应该做这么卑微的工作。"既然他轻视现有的职位，并且毫不掩饰自己的不满、不安、不快的情绪，不肯脚踏实地地工作，那么最终，他必将会失去这份工作。到时候，自然会有人来替代他。所以，实际上，真正受害的是他自己，是他自己亲手毁掉了自己的前程。

其实，好高骛远的人在人生操作上犯了一个大错误。他们总以为自己可以不经历过程而直达终点，不经历低俗而直达高雅，舍弃细小而直达博大，跳过近前而直达远方。心性高傲、目标远大固然不错，但有了远大的目标，还要为之付出努力；如果只是空怀大志，而不愿为之付出艰苦的努力，那远大的理想就永远只能是空中楼阁，一文不值。

　　不能脚踏实地的人最大的失误就是不切实际，既脱离了现实，又脱离了自身的实际情况。这种人往往这也看不惯，那也看不惯，或者以为周围的一切都是在有意为难他，或者根本不屑于周围的一切。其实，他们应该掂量一下自己有多大的本事、有多少能耐，看看自己有什么缺陷，而不应该习惯地"以己之长比人之短"。

　　脱离了现实便只能生活在虚幻之中，脱离了自身便只能见到一个无限夸大的自己。不能脚踏实地，就只能在半空中飘着，所有的远大目标也不过是海市蜃楼而已。

　　事业就像车子，而工作态度就像车轮，如果你不让车轮着地，那么车子永远也不可能驶向远方。

　　一位心理学家在研究过程中，为了实地了解人们对于同一件事情在心理上所反映出来的个别差异，他来到一所正在建筑中的大教堂，对现场忙碌的敲石工人进行访问。

　　心理学家问遇到的第一位工人："请问你在做什么？"

　　工人没好气地回答："在做什么？你没看到吗？我正用这个重得要命的铁锤，来敲碎这些该死的石头。而这些该死的石头又特别的硬，害得我的手酸麻不已，这真不是人干的工作。"

　　心理学家又继续找到第二位工人，问他："请问你在做什么？"

　　第二位工人无奈地答道："为了每天的工资五百元，我才会做这件工作，若不是为了一家人的温饱，谁愿意干这份敲石头的粗活？"

　　心理学家问第三位工人："请问你在做什么？"

　　第三位工人眼光中闪烁着喜悦的神采："我正在参与兴建这座雄伟华丽的大教堂。落成之后，这里可以容纳许多人来作礼拜。虽然

敲石头的工作并不轻松，但当我想到，将来会有无数人来到这儿，再次接受上帝的爱，心中便常为这份工作献上感恩。"

故事中三个工人对自己那份工作的态度，正反映出人们对于自己人生的看法。而你愿意用哪一种态度来看待自己将来的前程呢？

或许在过去的岁月中，我们时常怀有类似第一位、或第二位工人的消极看法，认为人生就是无尽的苦海，每天只好怀着抱怨活下去；或受困于生活的无奈，为五斗米折腰，一日复一日，过着贫困的生活。

不论你过去对人生的态度究竟如何，并不重要，毕竟那是已经过去的了，重要的是，你对未来的态度又如何？

你可以选择如以往一般，继续消极地过下去，每天常常谩骂、批评、抱怨、四处发牢骚，那是轻易而无需学习便可办得到的。问题是，你真的愿意让自己的一生被这些垃圾来填满吗？

赶走欲望和贪念

司马迁说："天下熙熙，皆为利来；天下攘攘，皆为利往。"天下人行事，大部分都出发于一个"利"字。正像英国总统丘吉尔在"二战"中说过的："没有永恒的朋友，没有永恒的敌人，只有永恒的利益。"为了利益，人们可以铤而走险；为了利益，人们可以背信弃义；也为了利益，人们能够做出许多常人不敢想象的事情。

但是人们在为利益所驱使的时候，却常常忽略了内心的平静。被利益牵制了头脑的人，往往也就被利益侵占了心灵，他们总是想着如何去夺取更多，防止被别人夺取自己，他们大部分都很累，为了利益既要去攻击别人，又要防止被人所害。

他们寝食难安，难以休息。总是生活在无尽的算计和被算计之中，生活在欺骗和被欺骗之中，斤斤计较，步步为营，逐步失去了自我。这样的人还能做出什么成就呢？

欲望和贪念具有很大的杀伤力，利益的驱使能够让人们失去理智。

要想做成真正伟大的事业，就必须先能控制自己的内心。要想有所成就，就必须先驱赶走内心的欲望和贪念。

美国石油大王洛克菲勒出身贫寒，在创业初期，人们都夸他是个好青年。当黄金像贝斯比亚斯火山流出的岩浆似的流进他的金库时，他变得贪婪、冷酷。同时也伤害到宾夕法尼亚州油田地带公民的切身利益——农田被毁，生活不得安宁。有的受害者做出他的木像，亲手将"他"处以绞首之刑。无数充满憎恶和诅咒的威胁信涌进他的办公室。连他的兄弟也十分讨厌他，而特意将儿子的遗骨从洛克菲勒家族的墓园迁到其他地方，并说："在洛克菲勒支配下的土地内，我的儿子也无法安眠。"

在洛克菲勒 53 岁时，疾病缠身，人变得像个木乃伊，医生们终于向他宣告了一个可怕的事实：他必须在金钱、烦恼、生命三者中选择其一。这时，他才开始醒悟到是贪婪的魔鬼控制了他的身心。他听从了医生的劝告，退休回家，开始学打高尔夫球，上剧院去看

喜剧，还常常跟邻居闲聊。经过一段时间的反省，他开始考虑如何将庞大的财产捐给别人。

起初，这并不是一件容易的事，他捐给教会，教会不接受，说那是腐朽的金钱。但他不顾这些，继续热衷于这一事业。听说密歇根湖畔一家学校因资不抵债而被迫关闭，他立即捐出数百万美元而促成如今国际知名的芝加哥大学的诞生。洛克菲勒还创办了不少福利事业，帮助黑人。从那以后，人们渐渐地理解了他，开始用另一种眼光来看他。他造福社会的"天使"行为，不但受到人们的尊敬和爱戴，还给他带来用钱买不到的平静、快乐、健康加高寿，他在53岁时已濒临死亡，结果却以98岁高龄辞世。

洛克菲勒曾让金钱带入另一个轨道，幸运的是他及时让自己恢复了神智，得到了重获新生的机会。在他死时，只剩下一张标准石油公司的股票。生活是需要平衡的，每一个环节都很重要，不能稍有偏废。如果过分贪婪，把握不住必要的尺度，就很容易受到伤害。

从前有个特别爱财的国王，一天，他跟神说："请教给我点金术，让我把伸手所能摸到的都变成金子，我要使我的王宫到处都金碧辉煌。"神说："好吧。"

于是第二天，国王刚一起床，他伸手摸到的衣服就变成了金子，他高兴得不得了，然后他吃早餐，伸手摸到的牛奶也变成了金子，摸到的面包也变成了金子，这时他觉得有点不舒服了，因为他吃不成早餐，得饿肚子了。他每天上午都要去王宫里的大花园散步，当他走进花园时，他看到一朵红玫瑰开放得非常娇艳，情不自禁地上前抚摸一下，玫瑰花立刻也变成了金子，他感到有点遗憾。这一天里，他只要一伸手，所触摸的任何物品都变成金子，后来，他越来越恐惧，吓得不敢伸手了，他已经饿了一天了。到了晚上，他最喜欢的小女儿来拜见他，他拼命喊着不让女儿过来，可是天真活泼的女儿仍然像往常一样径直跑到父亲身边伸出双臂来拥抱他，结果女儿变成了一尊金像。

这时国王大哭起来，他再也不想要这个点金术了，他跑到神那里，跟神祈求："神啊，请宽恕我吧，我再也不贪恋金子了，请把我心爱的女儿还给我吧！"

神说："那好吧，你去河里把你的手洗干净。"

国王马上到河边拼命地搓洗双手，然后赶快跑去拥抱女儿，女儿又变回了天真活泼的模样。

汤玛斯·富勒说："满足不在于多加燃料，而在于减少火苗；不在于积累财富，而在于减少欲念。"再多的金钱也买不来快乐，反而会让你越活越累，何苦如此呢？放弃对金钱的贪念，你才会发现自己拥有了很多，你才会获得真正的自由和快乐。

一个人如果欲望太多，他就会变得更贪婪，一个永不知足的人是无法感受到幸福的。

幸福与人的基本生存需要是不可分离的。人们在现实中感受或意识到的幸福，通常表现为自身需要的满足状态。人的生存和发展的需要得到了满足，便会产生内在的幸福感。幸福感是一种心满意足的状态，植根于人的需求对象的土壤里。

然而，很多人都是希望自己拥有的再多一些，从来没有满足的时候。有一首《十不足诗》：

终日奔忙为了饥，才得饱食又思衣，冬穿绫罗夏穿纱，堂前缺少美貌妻，娶下三妻并四妾，又怕无官受人欺，四品三品嫌官小，又想面南做皇帝，一朝登了金銮殿，却慕神仙下象棋，洞宾与他把棋下，又问哪有上天梯，若非此人大限到，上到九天还嫌低。

这首诗对那些贪心不足者的恶性发展写得淋漓尽致。物欲太盛造成的灵魂变态就是永不知足，没有家产想家产，有了家产想当官，当了小官想大官，当了大官想成仙……精神上永无宁静，永无快乐。

在陕西南部山区有一位还未脱贫的农民，他常年住的是漆黑的窑洞，顿顿吃的是玉米、土豆，家里最值钱的东西就是一个盛面的柜子。可他整天无忧无虑，早上唱着山歌去干活，太阳落山又唱着山歌走回家。别人都不明白，他整天乐什么呢？

他说："我渴了有水喝，饿了有饭吃，夏天住在窑洞里不用电扇，冬天热乎乎的炕头胜过暖气，日子过得美极了！"

这位农民物质上并不富裕，但他却由衷地感到幸福。这是因为他没有太多的欲望，从不为自己欠缺的东西而苦恼的缘故。

与这个农民相反的是一个卖服装的商人。这个商人有很多钱，但他却终日愁眉不展，睡不好觉。细心的妻子对丈夫的郁闷看在眼里，急在心上，她不忍丈夫这样被烦恼折磨，就建议他去找心理医生看看，于是他前往医院去看心理医生。

医生见他双眼布满血丝，便问他："怎么了，是不是受失眠所苦？"服装商人说："是呀，真叫人痛苦不堪。"心理医生开导他说："别急，这不是什么大毛病！你回去后如果睡不着就数数绵羊吧！"服装商人道谢后离去了。

一个星期之后，他又出现在心理医生的诊室里。他双眼又红又肿，精神更加颓丧了，心理医生复诊时非常吃惊地说："你是照我的话去做的吗？"服装商人委屈地回答说："当然是啊！还数到三万多只呢！"心理医生又问："数了这么多，难道还没有一点睡意？"服装商人答："本来是困极了，但一想到三万多只绵羊有多少毛呀，不剪岂不可惜？"心理医生于是说："那剪完不就可以睡了？"服装商人叹了口气说："但头疼的问题又来了，这三万只羊的羊毛所制成的毛衣，现在要去哪儿找买主呀？一想到这，我就睡不着了！"

这个服装商人就是生活中高压人群的真实写照，他们被种种欲望驱赶着跑来跑去，疲乏至极，每天睁开眼睛想到的是金钱，闭上眼睛又谋划着权力，日复一日，年复一年。这样的人怎么会享受到幸福呢？

有些欲望是自然而必要的，有些欲望是非自然而不必要的，前者包括面包和水，后者就是指权势欲和金钱欲等等，人不可能抛弃名利，完全满足于清淡生活，但对那些不必要的欲望，至少应当有所节制。

二十几岁的年轻人，正处于欲望的高峰时，人生的需求增多。这个时候是最容易产生欲望和贪念的时候。想让自己一夜暴富，想拥有世界上美好的一切……但是有时候"身前有余忘缩手，眼前无路想回头。"欲望和贪念也会让你丧失理智，不惜去做一切事情。等到你发现真的错了，想回头的时候，已经来不及了。

一个人的欲望越多，他所受到的限制就越大，一个人的欲望越少，他就会越自由、越幸福。记住，虽然利益很重要，可是一个人的前途和人生更重要。千万不要因为一些一时的贪念和欲望，赔上

了一生的前途和幸福。要随时控制自己对金钱名利的欲望，保持一颗平静的心，这样才能在人生的道路上走得顺畅，也才能通过正当的途径把握住自己的幸福。

波澜不惊是你最好的姿态

每天，当我们打开电视和报纸，都会看到许多令人不安的新闻。欧洲又发现了一例"疯牛病"，你情不自禁地会想：我今天吃的牛肉汉堡可别有"疯牛病"……股市又下跌了，你开始担心自己买的股票……美国发生了校园枪击事件，你在震惊之余，又为你在美国留学的孩子揪起了心……医生说，坐便马桶不卫生，会传染性病。你又忽然紧张起来，因为你白天开会时刚刚使用了楼里的公共卫生间……

在家中，在单位，甚至走在大街上，你也会遇到许多烦心的事：孩子功课不好，又不用功；单位领导莫名其妙地冲你发火，为一件微不足道的小事足足批评了你一个小时；在路上，一个人嫌你挡了他的道，骂骂咧咧没个完……

保持心情的宁静。只要稍微宁静下来，你眼前的一切就会是完全不同的情形。

让我们试着用平和宁静的心情来看待那些曾让我们心烦意乱的外界干扰。

世界就是这样，每天都会有很多坏消息、坏事报道出来了，说明人们已经有了警觉。如果自己无力改变，相信会有人去改变，自己以后当心一点儿就是了。孩子让你操心，但最终要靠他自己努力，你尽到责任就可以了，不必为此而闹心。领导可能是有烦心事，不过是拿你当出气筒，不要太在意，受点儿委屈，也就过去了。路上遇到的那个人是很无礼，但你现在早已脱离了那人，忘了那人吧，那人早已走了，你还在为他而生气，不是继续替那人折磨自己吗……

庄子说："至人无己。"

"无己"即破除自我中心，亦即抛弃功名束缚的小我，而达到与天地精神往来的境界。

从这里可以看出，庄子所主张的超脱，实际上是摆脱了一切之后的无知无欲，表现在人生理想上，那就是"无名"，即独与天地相往来的独善其身。

对于生活在现实中的我们而言，庄子对天地精神的崇拜，固然是显得玄虚了一些，但针对构成我们世界的纯利益追求到甚至忘却了自己的人来说，庄子的宏论和超脱还是具有一定借鉴意义的。

很少有人能做到如庄子所言无知无欲而达到超脱，但效法天地之自然浑成，而注意自我心性的保持，能够超然物质欲求之外，也许，亦是颇为有益的境界。

关于此，庄子曾在《逍遥游》中讲了这样的寓言：

尧把天下让给许由，说："日月都出来了，而烛火还不熄灭，要和日月比光，不是很难为吗？先生一在位，天下便可安定，而我还

占着这个位，自己觉得很羞愧，请容我把天下让给你。"

许由说："你治理天下，已经很安定了。而我还来代替你，要为着名利吗？是为着求地位吗？小鸟在森林里筑巢，所需不过一枝，鼹鼠到河里饮水，所需不过满腹。你请回吧，我要天下做什么呢？"

这则寓言是说：天地之间广大无比，而在此之中，人所需又如此的渺小，拿自己的所需与天地相比那不是很可怜吗？那么何不效法天地之自然，而求得心性的自由和逍遥呢。

庄子要给予我们的也许是一种极宏远的宇宙观，让人认识到至广至大的极限处，解脱自我的封闭，超越世俗的小我。庄子的这种宇宙观，难道不是一种智慧的体现吗？

作为生命的个体，我们是淹没在万象的生命之中的。但正是作为个体，我们才时常能真切感受到生命的世界所具有的伟大和恢弘。

只要你觉得自己是一个值得一活的人，人生的危机就不会妨碍你去过充实的生活。如此，就会有一种安全感取代焦虑不安，而你也就可以快快乐乐地活下去，把不安之感降低到最低限度。有了这种"安全感"，也就自然会有心灵的平和宁静。

要保持宁静的心态，可以在遇到烦心的事时有意识地改变一下想法。比如在乘公共汽车时碰到交通堵塞，一般人会焦躁不安，但你可以想："这正好使自己有机会看看街道，换换脑子。"如果朋友失约没来找你玩，你也不必心生烦闷，你可以想："不来也没关系，正好自己看看书。"

这样转换想法，就可以使烦躁的心境变得平和起来。

张弛有度才是持久之道

孔子曾经说道："文武之道，一张一弛。"琴弦绷得过紧会断掉的，人也一样，不能始终处在劳累之中。

现在人的生活方式可以用"疯狂"两个字来形容。无论是工作、教育孩子、做家务，有些人还参与社会活动、健身运动、慈善活动等等，都让我们忙乱不已。我们都希望能十全十美，做个好公民、好伴侣、好父母、好朋友。只要有可能，我们还希望生活中有点意外刺激。问题在于我们每个人一天只有 24 个小时，我们能做的事就只有那么多。除了这些之外，现代生活中更有许多推波助澜的工具，例如科技与更高层次的发明。电脑、高科技产品的发明使我们的世界"缩小"了，相对的，时间也不够用了。我们做任何事都比以前快多了，也使我们都变得没有耐性，任何事都要速成。有一些人，不过在快餐店中等了三分钟就大呼小叫，或是电脑开机的过程慢了一两秒就等不及了。当我们在等红绿灯或飞机晚点时急得团团转，完全忘了我们现今所搭乘的交通工具已经非常舒适又快捷了。不要忘了我们的生活已经变得越来越好了，着急的时候，抬头看看天。

一味地赶个不停，会让自己无法在所做的每件事情中获得快乐与满足，因为我们的重心不在此刻，而是在下一刻，所以难免总是有点力不从心的感觉。

保持清醒状态比让自己保持清醒还重要。这一点带给我们生活丰富的感受，是平时急急匆匆时所感受不到的，会带来神奇的效果。保持清醒的状态不但带来许多的好处，同时能让我们体会到真正的满足感。

其实，大部分人都在获得成功：找到了较好的工作、打赢官司、公司的职位上升、有一个幸福的家、假期旅游或任何好事临头，这些都是生命中的好事，也可以一直将焦点集中在这些大事上，做完这件做那件，好了还要更好。也许你在追求更好更多的同时，丧失了从日常生活中获得快乐的机会——美丽的笑容、欢笑的孩子、简单的善行、与爱人共享晨曦落日，或是一起欣赏秋天的树叶如何改变颜色等等。

如果一天做六件事，却因为时间不够，每件事都匆忙潦草地做完，倒不如一天只做三件事，让自己从容不迫地做好每件事，使自己有心情享受生活中点点滴滴的小事。当然赶时间有时是生命的一部分，是不可能完全避免的，有时在同一段时间还可能要应付几个人，无论如何，这样的情形都有个人的因素。如果警觉到自己有急匆匆的倾向，就慢下脚步来，抬头看看天，想想生活中美丽的小事，让自己的心平静下来。如果能放慢脚步，即使只是慢一点点，你就会发现许多单纯的快乐。

不可否认，生命中最美好的事很多都是最简单的，虽然不见得都是免费的，但也大多数是免费的事。用不着怀疑，找到一种单纯的快乐能让你的生活更愉快、更平静。

简妮就有这种单纯的快乐，并足以作为典范。每一年，她都会在后院种几簇玫瑰，那种紫红色的。没见过有谁像她那样热爱玫瑰的。一天中有好几次，她会走去看这些花，有时嘴上还会说："谢谢你们长得这么美，我喜欢你们……"她用爱心浇水灌溉这些有如奖赏的花。时节到了的时候，她会将花剪下来，放在家中，让每个人欣赏。有朋友来时，她会送他们一束玫瑰花，这也让她和朋友分外满足。

你可以想象得出，这个单纯的快乐不只是让她家院子或房间变得美丽而已，更使得她的朋友的生活也变得非常快乐而有意义，那种价值是绝非一束花所能比拟的。从某个角度来说，那些花就有如她生活中的守护神一样，她渴望看到它们、照顾它们。当她想到花儿时会微笑，相信花儿让她保持了洞察生命的能力。她并不会将这种单纯的快乐当做鼓舞任何人的动机，但她看到它们在周围人身上也有了很好的影响。人们懂得她是为了某种单纯的事而快乐，看得出她的感恩的心情，使他们拥有了同样的感恩心情。

简妮也有忙碌的工作，但她努力不让自己像陀螺一样"疯狂"地转个不停，而是懂得忙里偷闲。其实静下心来想想，每个人都会找到一些单纯的快乐。例如，在灯下捧一本喜欢的书，一个人静听自己喜欢的音乐，到附近的公园走走，坐公交车给身旁的人让个座，这些简单的事都能带给我们快乐。我们享受的快乐越多，越能有达观的胸襟，活得越有滋有味！

从"疯狂的忙碌"中解脱，每个人至少能找到一两件单纯的快乐。无论是和老朋友聊天，或散步、兜风，甚至逛商店，对你都有非凡的意义，你的生活品质也会因此提高。

　　不要不顾一切一味地努力前冲，要时常停下来，反省我们的方向是否正确。事业不能仅靠拼劲，还需要停下来思考。休息是为了让我们的灵魂能够追得上我们的身体。

　　身心过于劳累，不懂一张一弛之道，就是把心灵与身体割裂开来，心中的罗盘必将失灵。此时，无论你付出多少，也会因茫无目标而徒劳无功，身体反而会被无数的困扰所埋葬。

第八章
二十几岁不积极,三十几岁难成功

　　成功学家拿破仑·希尔曾经说:"积极心态拥有一种强大的力量,它能够改变你的人生。"积极的心态是一种充满魔力的法宝,它能够决定人生的成败,还能够帮你提高解决难题的能力,激发你自身强大的动力,创造出无限精彩的奇迹。二十几岁的年轻人,容易被暂时的困难和挫折打击,悲观失望,灰心丧气。多接受积极心态的引导和暗示,将帮助你尽快从失败的阴影当中走出,重新探索成功。

心态决定命运

一位伟人曾说过："要么你去驾驭生命，要么生命驾驭你，你的心态决定了谁是坐骑，谁是骑师。"人活一世，一定要将自己定位在骑师的位置，遇到艰难与挫折时，换个角度，以一个良好的心态待人处世，可以把生命的舞台演绎得更加精彩。

心态决定一个人的前途和命运。有的人在短暂的时间内就可以一跃成为强者，取得令人瞩目的成就；而有的人一生摸爬滚打却依旧碌碌无为，平庸度日。除了机遇与运气使然，二者的最大差别在于心态的不同。

美国心理学家威廉·詹姆斯说："心态具有神奇的力量，人们可以通过改变心态来改变自己的人生。"事实确实如此，你用什么样的心态对待你的人生，生活就会以什么样的态度来对待你。你消极，生活就会暗淡，你积极向上，生活就会给你许多快乐。

二十几岁的年轻人刚刚踏上社会的大舞台，难免会遇到各种各样的问题，总会遇到一些不称心、不如意的事，因此，一定要谨记：任何事情都有坏的一面和好的一面，如果能从积极的方面看问题，那么就会有一个截然不同的结果，做起事来也就会更加得心应手。

美国成功学学者拿破仑·希尔关于心态的意义说过这样一段话："人与人之间只有很小的差异，但是这种很小的差异却造成了巨大的差异！很小的差异就是所具备的心态是积极的还是消极的，巨大的差异就是成功和失败。"二十几岁的年轻人，都有选择人生的机会，关键在于你的心态。如果你能选择积极心态看待人生，你生命中的其他事情都会变得容易许多。

在古代，有一个寡居的老妇人，整天忧郁，唉声叹气。有个过路人看到了，就问道："你为什么总是这么愁眉苦脸呢？"老妇人回答："我有两个女儿，一个嫁给了做雨伞的，一个嫁给了做草鞋的。天晴的时候，我就开始担忧大女儿，她家的雨伞又卖不出去了；天下雨我又开始担心小女儿，她家的草鞋又没人买了。但是天气不是晴就是下雨，你让我怎么高兴得起来呢？"这个过路人听完后，说："你不妨把事情反过来想。天气晴的时候，你应该高兴，小女儿家的草鞋可以卖出去了；天气下雨的时候你可以想，大女儿家的雨伞可以畅销了——这样，你就可以天天高兴了。"

天晴和天阴是客观的，没有办法改变，但是我们的想法却是主观的，换个角度看问题，经常就会得到不同的结果。

角度不同，对问题的看法各有所异，有人积极，有人消极。消极思考者只看坏的一面，对事物总能找到消极的解释，最终他们也将得到消极的结果。而积极思考者却更愿意从好的方面考虑问题，并通过自己的努力，得到一个积极的结果。

所以，当人生的理想和追求不能实现时，不妨换个角度来看待人生。换个角度，便会产生另一种哲学，另一种处世观。

有位秀才第二次进京赶考，住在一个以前住过的店里。考试前一天，他接连做了两个梦。第一个梦是梦到自己在墙上种高粱；第二个梦是下雨天，他戴了斗笠还打伞。这两个梦似乎有些深意，秀才第二天就

赶紧去找算命的解梦。算命的一听，连拍大腿说："你还是回家吧，你想想，高墙上种高粱不是白种（中）吗？戴斗笠还打雨伞不是多此一举吗？"秀才一听，心灰意冷，回店收拾包袱准备回家。店老板非常奇怪，问："明天才考试，你怎么今天就回乡了啊？"秀才如此这般解释了一番，店老板乐了："咳，我也会解梦的。我倒觉得，你这次一定要留下来。你想想，墙上种高粱不是高种（中）吗？戴斗笠打伞不是说明你这次是有备无患吗？"秀才一听，觉得店老板的话比算命的更有道理，于是精神振奋地参加考试，居然真的高中了。

看来，事物都有其两面性，问题就在于当事者怎样去看待它们。强者看待事物，不看消极的一面，只取积极的一面。

换种心态看问题，不仅可以为自己获得更大的发展空间，还可以以一种更坚强的姿态去拓展人生新的领域。

有两位年届70岁的老太太，一位认为到了这个年纪可算是人生的尽头，于是便开始料理后事；另一位却认为一个人能做什么事不在于年龄的大小，而在于怎么想。于是，她在70岁高龄之际开始学习登山，其中几座还是世界上有名的。她在95岁高龄时登上了日本的富士山，打破攀登此山年龄最高的纪录。她就是著名的胡达·克鲁斯老太太。

70岁开始学习登山，这乃是一大奇迹。奇迹是人创造出来的。成功人士的首要标志，是在于他有什么样的心态。胡达·克鲁斯老太太的壮举正验证了这一点。

看事情的心态和角度不同，就会得到迥然相异的结果。悲观的人想到自己只剩下百万元而担忧，乐观的人为自己还剩下一万元而庆幸。面对金黄的晚霞映红半边天的情景，有人叹息："夕阳无限好，只是近黄昏。"也有人想到的是："莫道桑榆晚，为霞尚满天。"面对半杯饮料，有人遗憾地说："可惜只有半杯了。"有人庆幸地说："太好了，还有半杯水。"不同的人对同一件事有不同的心态，不同的心态必然有不同的结果。

所以，凡事往好处想，就会觉得人生快乐无比。人生没有绝对的苦乐，只要凡事肯向好处想，自然能够转苦为乐、转难为易、转危为安。海伦·凯勒说："面对阳光，你就看不到阴影。"积极的心态，就是人心里的阳光！

积极的心态有助于人们克服困难，使人看到希望，保持进取的旺盛斗志。消极心态使人沮丧、失望，对生活和人生充满抱怨，自我封闭，限制和扼杀自己的潜能。积极的心态是成功的起点，是生命的阳光和雨露，让人的心灵成为一只翱翔的雄鹰。消极的心态是失败的源泉，是生命的慢性杀手，使人受制于自我设置的某种阴影。

心态就是这样一个能影响成功的重要因素，二十几岁的我们，要学会选择积极的心态，在积极心态的指引下披荆斩棘，锐意进取。请牢记：选择了积极的心态，就等于选择了成功的希望；选择消极的心态，就注定要走入失败的沼泽。如果你想成功，想把美梦变成现实，就必须选择积极的心态，换个角度看待人生。

三十几岁的人之所以更容易获得成功，在工作、社交和生活中游刃有余，活得幸福，是因为他们的心理比年轻时期更为成熟，在经历了许多磨难和挫折之后，生活给予他们的积淀使得他们更加具备成功的元素。学习和模仿三十几岁的人的心理和心态，在二十几岁的时候，就拥有创造美好生活的愿望，那么到了三十几岁时，你的生活就可以过得有滋有味。

相信天生我材必有用

自信心对于事业简直是一种奇迹，一个人，只要把潜藏在身上的自信挖掘出来，你的才干就可以取之不尽，用之不竭。一个缺乏信心的人，就如同一根受了潮的火柴，是不可能擦亮希望的火花的。

二十几岁的年轻人在走入社会之后，不可避免地会遭遇困难和挫折，这时正是考验你的自信心的时候。如果面对这些能够从容不迫、沉着冷静，那么在以后的人生道路上就没有什么可以阻止你了。但如果你被它们吓倒，就等着失败的结局吧。因为从来没有一个缺乏自信的人会取得成功。

如果你感到自己的信心不足，那就一定要加强培养，只有这样，才能使你身上的潜能得到释放，并坚定不移地去实现你的目标，最终获得成功。人生是依靠强烈的自信支撑起来的，一旦我们失去了自信，就违背了自己的本性，不敢肯定一切，人生也就没有了根。我们会消极、迷惘，不知道自己该干什么，一遇到不利于自己的情势，就会畏难发愁，甚至逃避。结果，无论多么好的机会摆在你面前，你都抓不住，最终一事无成。

信心是你走向成功的最有力的保障。生活就是这样，有时决定你成败的不是能力的高低，而是你是否有信心，是否相信自己"我能行"。

十几年前，他从一个仅有20多万人口的北方小城考进了北京的大学。上学的第一天，与他邻桌的女同学第一句话就问他："你从哪里来？"而这个问题正是他最忌讳的，因为在他的逻辑里，出生于小城，就意味着小家子气，没见过世面，肯定被那些来自大城市的同学瞧不起。就因为这个女同学的问话，使他一个学期都不敢和同班的女同学说话，以致一个学期结束的时候，很多同班的女同学都不认识他！

20年前，她也在北京的一所大学里上学。大部分日子，她也都在疑心、自卑中度过。她疑心同学们会在暗地里嘲笑她，嫌她肥胖的样子太难看。她不敢穿裙子，不敢上体育课。大学结束的时候，她差点儿毕不了业，不是因为功课太差，而是因为她不敢参加体育长跑测试。老师说："只要你跑了，不管多慢，都算你及格。"可她就是不跑。她想跟老师解释，她不是在抗拒，而是因为恐慌，恐惧自己肥胖的身体跑起步来一定非常的愚笨，一定会遭到同学们的嘲笑。可是，她连向老师解释的勇气都没有，茫然不知所措，只能傻乎乎地跟着老师走。老师回家做饭去了，她也跟着。最后老师烦了，勉强算她及格。

在曾经播出的一个电视晚会上，她对他说："要是那时候我们是同学，可能是永远不会说话的两个人。你会认为，人家是北京城里的姑娘，怎么会瞧得起我呢？而我则会想，人家长得那么帅，怎么会瞧得上我呢？"

他，现在是中央电视台著名节目主持人，经常对着全国几亿电视观众侃侃而谈，他主持节目给人印象最深的特点就是从容自信。他的名字叫白岩松。

她，现在也是中央电视台著名节目主持人，而且是一个完全依靠才气而丝毫没有凭借外貌走上中央电视台主持人岗位的。她的名字叫张越。

白岩松和张越是我们非常熟悉的节目主持人，面对镜头的时候，他们轻松自信、热情洋溢。他们所热爱的事业使之发了光，在观众面前展示出最具魅力的形象。

我们在成长的过程中，总会遇到一些难以突破的瓶颈，伤痛、自卑，仿佛要永远陷在这淤泥里无法自拔似的。其实，只要你努力，一切都不是不可改变的。每个人都有自己的优点与缺憾，只因为我们对自我的关注，所以反而更容易发现自己的不足。心灵灰暗的时候，就会轻易被别人头顶的光环所迷惑，以为天下只自己一个可怜人。当自卑自怜的一页揭过去之后，你会发现当时的伤心、失望是多么得不值。

自卑的心态就像一条啃啮心灵的毒蛇，不仅吸取心灵的新鲜血液，让人失去生存的勇气，还在其中注入厌世和绝望的毒液，最后让健康的肌体死于非命。德国哲学家黑格尔说："自卑往往伴随着懈怠。"它是你前进道路上的绊脚石，可以使一个人的活动积极性与能力大大降低。虽然偶尔短时间地滑入自卑状态是正常现象，但长期处于自卑之中就是一场灾难了。自卑的根源是过分否定和低估自己，过分重视别人的意见，并将别人看得过于高大而把自己看得过于卑微。

只有控制住自卑心态，人们才会敢于积极进取，成为一个有主动创造精神的人，才能开拓事业的新局面，也才会有积极的人生态度，才会活得开朗、开心，才会勇于承担责任，成为一个有责任心的人。而任何一个在事业上有所作为的人,都是有责任心的人。

如果你总是把自己认为的劣势时时刻刻放在脑子里,提醒着自己的不足,并把这些不足和他人的优势相比较。那么,越比越觉得己不如人,越比越觉得无地自容,从而忽略了自己的优势,打击了自信心。事实上,"金无足赤,人无完人"。在你的眼里比较优越的人并不一定占优势。相反,在别人的眼里可能你比他更优秀。在一些大人物的传记里,我们知道伟人也有气馁的时候,比如罗斯福与林肯,都曾经痛苦得要自杀。今天,感谢白岩松与张越与广大观众分享了过去,让我们透过名人身上的光环,看到他们在自身的价值被证明之前的暗淡。由此,可以激活我们超越自我的信心。

所谓自信,即自己相信自己,是人们赞赏、重视、喜欢自己的一种有益的态度。每个人的能力大小虽然各不相同,但如果一个人不具有成功的信念,肯定会对他的能力产生影响。

信心是一种心理状态,可以通过自我暗示培养起来。如果通过反复不断地确认,你相信自己会得到自己想要的东西,然后传递到潜意识里去,它就会带来成功,因为它的主要任务就是要让你实现自己想达到的人生目标。它看不到任何障碍,也没有任何限制,它只做潜意识思维让它去做的事情。

摘掉有色眼镜,变得成熟起来,像周围的人一样去承担自己的责任,投身到自己热爱的事业中去。要认识到,你有足够的能力去对付自己遇到的问题,你比你自己想象得要更优秀、更成功、更有能力、更富有创造力。

克服自己的消极心态

有些人想发财，却总是得过且过，这样的人肯定会有很多局限性而无法超越自我，难有大的突破和进展。实际上，凡是有"得过且过"的心态者，都会给自己找退缩之路。在古希腊有同村两个人，为了比试高低，就打赌看谁能走得离家更远，于是同时却不同路地骑马出发了。

一个人走了10天后，心想："我还是停下来吧，因为我已经走了很远了。我敢肯定他没有我走得远。"他就停了下来，休息了几天，然后他就回到了家里，继续自己的农耕生活。

另一个人走了10年，却一直没有回来。村里的人都认为这个傻瓜为了一场没有必要的打赌而丢掉了性命。

有一天，一队浩浩荡荡的大军向村里开来，村民不知道发生了什么事。当队伍临近时，突然有个人惊喜地叫道："那不是威克逊吗？"只见消失了10年的威克逊已经成了这队大军的统帅。

威克逊下马后，向村民打听说："杰瑞呢？我真的要感谢他，因为那个打赌，才使我有了今天。"

杰瑞羞愧地说："祝贺你，朋友！可我至今还是个农夫。"这个故事说明暂时消极心态只能让人次人一等。生活中还有多少人都是这样次人一等啊！

一个能克服消极心态的人,一定会不辞任何劳苦,聚精会神地向前迈进,他们是从来不会想到"将就过"那样的话的。

有许多颓废的人,常常对人说:"得过且过,过一把瘾吧!""只要不是饿肚子就行了","只要不被炒鱿鱼就够了"。这种人其实就是在承认自己没有生机。他们简直已经脱离了世人的生活,至于让他"克服消极心态",那更是不可能了。

打起精神来!它即使未必能够让我们立即就有所收获,或者马上就得到物质上的安慰,但它却能够充实我们的生活,使我们获得无限的乐趣。

那些克服消极心态而成就的大事,绝非那些只想"填饱肚子"以及那些"得过且过"的人所能完成的,只有那些意志坚决、不辞辛劳的人才能完成这些事业。

试想,一个画家正想完成一幅名作,如果他一拿起笔来,就心不在焉,有气无力地东涂一笔,西抹一下,请问这样的人会成功吗?

音乐家奥里·布尔是位名震全球的音乐家。每当人们听到他的演奏,就会惊叹不已,纷纷赞叹他是个天才。可是人们不知道他在这背后付出了多少。当他还只有7岁的时候,常常会深夜起床,拿出那把红色小提琴,奏起自己日思夜想的曲目。直到他长大后,这把小提琴从来也没有离开过他。现在他所演奏的歌曲,真不知倾倒了多少听众。可是当初他在练习的时候,也曾经想过逃避和放弃。他小的时候,身体一直不好,贫穷和疾病总是紧紧地压迫着他,父亲对他学小提琴也持反对意见。但是他的热诚和专心,让他冲破一切阻碍,闻名世界。

我们随时都会碰到这样的人:他们似乎专门在等待人家去强迫

自己工作。他们对自己所拥有的广博才识和能力，一无所知。他们一点也没有估计过自己的身体里究竟蕴藏着多少才智和力量。当遇到事情的时候，他们只会拿出一小部分力量来敷衍，他们似乎情愿永远守在空谷，也不肯攀登山巅；他们更不愿意张开双眼，来把广大而宏伟的宇宙看个一清二楚。

在那些偷闲苟安的人的眼里，世界上一切好的位置，一切有出息的事业都已宣告客满。是的，这种懒惰成性的人，随便走到哪里，都不会有他们的立足之地。社会上各处急切需要的都是那些肯领头的、敢于奋斗、有主见的人。一个随处可以立足的人，应该有思想、能判断、善创新、刻苦耐劳。而那些专门埋怨自己、埋怨没有机会、或者命运不济的人，他们一辈子也不会成功。

那些心存危机的人常会这样想：我不能这样得过且过，我要争取过上好的日子。我要赚更多的钱，我要穿上好的衣服，吃上好的食物。而那些不求进取的人就不会这样想了，他只想：我能不饿肚子就行了，所以他才会得过且过，混一天日子，撞一天钟！

任小萍是我国著名的外交使馆的翻译。她说："在我的职业生涯中，几乎每一步都是组织上安排的，自己并没有什么主动权。即使这样，我也有自己的选择，那就是要比别人做得更好。"1968年，任小萍有幸成为了北京外国语学院的一名工农兵学员。当时，在她所在的班级，她的年龄最大，成绩也最差。第一堂课她就因为没有回答上老师的问题而被罚站了。第二天，班级就挂出了一条横幅："不让一个阶级兄弟掉队"，她就是那个掉队的阶级兄弟。但等到她毕业的时候，成绩已经是全年级最好的了。

任小萍大学毕业后被分到英国大使馆做了一名接线员。很多人都觉得做接线员是个很没有出息的工作，但任小萍却把这个普通的工作做出了彩。她将所有使馆人员的名字、电话以及工作范围都背得烂熟于心，每个打进来的电话，她都能很快、很准确地找到人。时间一长，使馆人员有事外出，都不告诉自己的翻译，而是给任小萍打电话，告诉她会有谁来电话。任小萍因此被使馆的人称为留言板、大秘书。

一天，英国大使竟然跑到电话间，笑眯眯地表扬了任小萍。这是破天荒的事情，结果没过多久，任小萍就因工作出色而被破格调去给英国某大报社当了翻译。该报的首席记者是个脾气很大的老头，曾经得过战地勋章，还被授予过勋爵。这个老头本事大，脾气更大。前任翻译就是给他骂跑了。刚开始时，他也不要任小萍，看不上她的资历，后来才勉强同意让任小萍试一试。一年后，老头逢人就说："我的翻译比你的好上十倍。"不久，任小萍就因工作出色，又被破例调到美国驻华联络处，她也同样干得很出色，获得了外交部的嘉奖……

一个人在无法选择工作时，至少他永远有一样可以选择：就是无论什么工作都要好好干。在同一种工作岗位上，有的人勤恳敬业，付出很多，收获颇丰，而有的人却整天想调好工作，而不做好眼前的事。其实，这样的选择就决定了将来的被选择。

一个心态积极的人，一定会克服眼前的所有困难，向自己的目标进发。他们从来不会说"得过且过"这样的话。他们的生活永远都是崭新的，每天都在有计划地进步。如果你不想总过穷日子，那就不要有"得过且过"的想法。成功无捷径，别总想着投机取巧。

逃避永远不能解决问题

现在的很多年轻人，心理承受能力异常脆弱，遇到问题就想逃避，而不是去想积极解决的办法。逃避是懦弱的表现，并且不可能解决问题，反而会让事情越来越糟。因此，必须学会直面现实，勇敢地解决出现的问题。

A君是某公司经理，一次，他的一个助手出了一个纰漏，给公司造成了损失，六神无主的助手找到A君，表示要辞职。这时，A君给他讲了一个藏在心里已久的秘密："8年前，我受雇于一家建筑公司当业务员，由于我的勤劳能干，大量欠款源源不断地收回，公司颓败的景象颇有改观。老板也很赏识我，几次邀我到他家吃饭。就在这时，他唯一的女儿悄悄地爱上了我，常常送一些精美的小玩意儿给我。我起初不敢接受，后来碍于情面只得收下。就这样过了两年，当有一天我告诉她我不能再给予她太多时，她一气之下寻了短见。

"她的三个哥哥咆哮不止，扬言非要我偿命不可。那时我手里已有了为数不少的积蓄，很多人劝我一走了之。我没有这样做，心里只有一个念头：事因既然在我，我必须回去面对这一切，是死是活——无关紧要。

"当我走进她的家门，一群人向我扑来，可她的父亲——我的老板向其他人摆了摆手，走上来紧握着我的手，良久才缓缓地说了这么一句话：'一个女人愿意为你献身，说明你是一个不同凡响的人；你敢来面对这一切，说明你是一个有血有肉的人。'"

A君的话给了他的助手很大触动，他决定留下来，接受董事会的裁决。结果，董事会认为他敢于面对问题，只是扣了他两个月的奖金。

故事中A君明知老板家等着他的是一场暴风雨，却没有因此一走了之，而是勇敢地去面对，这种精神值得我们每个人学习。生活中，当发生一些困难的事或令人痛苦的事时，很多人都习惯于逃避，然而事实就是事实，已经发生的不可能再改变。逃避、不敢面对其实就是在自我欺骗，这样只会使人变得更痛苦。而且一旦逃避成了习惯，人就会变得消沉，不再进取，到头来一事无成。

已故的布斯·塔金顿总是说："人生加之于我的任何事情，我都能面对，除了一样，就是瞎眼。那是我永远也无法忍受的。"

但是这种不幸偏偏降临了，在他六十多岁的时候，他发现自己看东西时，色彩是模糊的。他去找了一个眼科专家，证实了不幸的事实：他的视力在减退，有一只眼睛几乎全瞎了，另一只好不了多少。他最怕的事情，终于发生了。

塔金顿对这种"无法忍受"的灾难有什么反应呢？他是不是觉得"这下完了，我这一辈子到这里就完了"呢？没有，他自己也没有想到他还能非常开心，甚至于还能运用他的幽默。以前，浮动的黑影令他很难过，它们时时在他眼前游过，遮挡他的视线，可是现在，当那些最大的黑影从他眼前晃过的时候，他却会说："嘿，黑影来了，不知道今天这么好的天气，它要到哪里去。"

当塔金顿完全失明之后，他说："我发现自己是个能承受视力减弱的人，就像一个人能承受别的事情一样。要是我五种感官全丧失了，我知道我还能够继续生存在我的思想里，因为我们只有在思想里才能够看，只有在思想里才能够生活，无论我们是否知道这一点。"

塔金顿为了恢复视力，在1年之内接受了12次手术，为他动手术的是当地的眼科医生。他没有害怕，他知道这都是必要的，他知道他没有办法逃避，所以唯一能减轻他痛苦的办法，就是爽爽快快地去接受它。他拒绝在医院里用私人病房，而住进大病房里，和其他的病人在一起，他试着去使大家开心，而在他必须接受好几次手术时——而且他很清楚地知道在他眼睛里动了些什么手术——他总是尽力让自己去想他是多么的幸运。"多么好啊，"他说，"现在科学的发展已经到了这种地步，能够为像人的眼睛这么纤细的东西动手术了。"

一般人如果经历12次以上的手术和不见天日的生活，恐怕都会发疯发狂了。可是塔金顿说："我可不愿意把这次经历拿去换一些更开心的事情。"这件事教会他面对不如意的事，就像他所说的："瞎眼并不令人难过，难过的是你不能面对这个事实。"

我们在一生中，也常常遇到失败，失败就是这样，你逃避它，它就拼命地追逐你，你面对它，它就会停步。所以说，失败并不可怕，不敢面对它才更可怕。

日本大企业家松下幸之助对此理念阐述得最透彻，他说："跌倒了就要站起来，而且更要往前走。跌倒了站起来只是半个人，站起来后再往前走才是完整的人。"

日本三洋电机公司顾问石藤清一，曾在松下电器公司担任厂长，当时松下幸之助就给他最好的教育机会。有一次，日本遭逢有史以来最狂暴的台风，虽无人员伤亡，但工厂却接近全毁。石藤心想：好不容易迁到新厂，正想全力生产、大干特干时，却遭此打击，老板心理上一定很沮丧吧！

松下是在台风即将停止之前赶到工厂的，此时不巧松下夫人亦身体不适而住院，他是探病后再赶来的。

"老板，不好了，工厂遭逢巨变，损失惨重，我来当向导，请巡视工厂一趟吧！"

"不必了，不要紧，不要紧。"

……（彼此无语）

老板手中握着纸扇，仔细地端详它，横看、纵看，神情异常地冷静。

"不要紧，不要紧。失败没什么了不起的，跌倒就应爬起来。婴儿若不跌倒就永远学不会走路。孩子也是，跌倒了就应立即站起来，号哭是没有用的，不是吗？"

松下说完掉头就走，对工厂的灾难毫无惊恐失色之态，就快速离去。

胜败乃兵家常事，重要的是要敢于面对失败，重整旗鼓，开辟人生另一个战场。

逃避现实世界不快的人，永远也无法获得成功。生命中总有这样或那样的挫折，只有勇敢面对，才能真正地享受生活。

不要给你的懒惰找借口

为自己的懒惰找借口是一件非常可悲的事，这是一个人不能对自己负责的表现。为了赶走懒惰的心态，你就必须对借口开刀。

一个小姑娘对自己的妈妈说："妈，我什么都懂，就是不想去做。"

其实，每个人都懂得许多做人处世的道理，但真正做起来却很难，就像一个小学生明明知道以后学习不好就考不上大学，找不到好工作就一辈子都会受累却不想好好学习，上课的时候别人听课他逃课，别人上学他逃学。什么原因？"懒！"成年人也会为自己的"懒"找借口，以至于小孩子都学会了赖床迟到时对老师说："报告老师，昨天晚上我们家有客人，所以我睡晚了……"

孩子的借口可以原谅，因为他们毕竟还小，没有自控力，但成人的借口却不容宽恕。因为，成人不仅要对自己负责，同时还必须对自己的家人负责。懒惰是没有借口可以推托的。

既然你来到了这个世界，就应该将自己完全融入到这个世界中来，才不枉此生，要知道人生其实很短暂，活了一辈子的人回想自己的过去都像是做了一场梦。珍惜你的青春年华，不要为自己的懒惰找借口。

树枯了，有再青的时候；叶子黄了，有再绿的时候；花谢了，有再开的时候；鸟儿飞走了，有再飞回来的时候；而生命消失了，却没有再复活的时候。时间一点一滴地流逝，永不停止；它一步一程，永不回头。它对每个人又都是平等的，不会因为你是勤劳者而多给，也不会因为你是懒惰者而少给。所以你就更应该珍惜时间，勤于劳作，而不要把宝贵的时间浪费在借口上。

一个懒惰的人，其实就是一个无志者，他们习惯于为自己找各种各样的借口，得过且过。而一个勤劳的人永远都不会犯这样的错误。

伟大的发明家爱迪生，平均三天就有一项发明，这是他争分夺秒、辛勤工作的结果。我国伟大的思想家和文学家鲁迅也非常珍惜时间，尽量把时间都花在工作上。他有一句至理名言："时间就是生命，无端地空耗别人的时间，其实无异于谋财害命。"鲁迅惜时如命，他把别人喝咖啡、聊天的时间都用在工作和学习上。正是因为有了这种惜时如命、辛勤敬业的精神，鲁迅在他56年的生命旅途中，广泛涉猎了从自然到社会科学的许多领域，一生著译一千多万字，留给后人一份宝贵的文化遗产。

可能有人认为人生漫长，偷点懒没什么，但去做事的话，在一分钟之内，小学生可以写20个生字、朗读200多字的短文、口算20道试题；打字员用电脑可打字80多个，运动员能跑250米；消防员可以紧急集合，跳上消防车；核潜艇可以在水下航行600米，火箭可飞行450多公里，喷气式客机能飞行18公里……光阴似箭，日月如梭，人的生命是有限的，辛勤工作的人尚且觉得时间太少，偷懒耍滑的人又能做出什么成绩？一个没有成就的人想让别人尊敬你、认同你，有什么理由？

所以当你疏懒的时候，你要想起林中的树木，哪些树才能长久于林？

那些又小又曲的树木，是没有人理睬的，即使理睬也是砍回家当柴火烧了；只有那些奋发向上、又直又高的树木才能引起别人的注意，不是当栋梁材用就是留于林中成为参天大树。

疏懒的人，要学会歌唱播种。因为有了播种，才有收获。

疏懒的人，要学会歌唱消融。因为有了消融，才能清澈。

疏懒的人，要学会歌唱涌泉。因为有了涌泉，才有奔流……

掩饰错误不如承认错误

没有人喜欢自己被指责，哪怕自己犯了错误。所以，当知道自己犯了错误的时候，最初的、也是最强烈的反应就是为自己辩护、为自己开脱。而实际上，这种文过饰非的态度常会使一个人在人生的航道上越偏越远。

一个人在前进的途中，难免会出现这样或那样的过错。对一个欲求达到既定目标、走向成功的人来说，对待自己过错的正确态度应当是过而不文、闻过则喜、知过能改。

"过而不文"需要一种自觉的纠错意识和宽广的胸怀。一般人做不到这一点，原因是虚荣心在作祟。一些人有很强的能力，很少有失误发生，久而久之，自然养成了"自己一贯正确"的意识，一旦真的出现过错，心理难以接受。出于对面子的维护，不少人会找理由开脱，或者干脆将过错掩盖起来。

知过能改，则是使一个人在激烈的竞争中从一个胜利走向另一个胜利的关键。"过而不改，是谓过矣！"有了过失并不可怕，怕的是不思悔改、一味坚持。这种人是很难走向人生的辉煌的。

格里·克洛纳里斯在北卡罗来纳州夏洛特当货物经纪人。在他给西尔公司做采购员时，发现自己犯下了一个很大的估计上的错误。有一条对零售采购商至关重要的规则，是不可以超支账户上的存款数额。如果账户上不再有钱，就不能购进新的商品，直到重新把账户填满，而这通常要等到下一次采购季节。

那次正常的采购完毕之后，一位日本商贩向格里展示了一款极其漂亮的新式手提包。可这时格里的账户已经告急。他知道他应该在早些时候就备下一笔应急款，好抓住这种叫人始料未及的机会。

此时他知道自己只有两种选择：要么放弃这笔交易，而这笔交易对西尔公司来说肯定会有利可图；要么向公司主管主动承认自己所犯的错误，并请求追加拨款。正当格里坐在办公室里苦思冥想时，公司主管碰巧顺路来访。格里当即对他说："我遇到麻烦了，我犯了个大错。"他接着解释了所发生的一切。

尽管公司主管平时是个非常严厉苛刻的人，但他深为格里的坦诚所感动，很快设法给格里拨来了所需款项。手提包一上市，果然深受顾客欢迎，卖得十分火暴。而格里也从超支账户存款一事中汲取了教训。这个故事告诉我们，当不小心犯了某种大的错误时，最好的办法是坦率地承认和检讨，并尽可能快地对事情进行补救。只要处理得当，你依然可以赢得别人的信赖。

　　喜欢听赞美是每个人的天性。忠言逆耳，当有人尤其是和自己平起平坐的同事对着自己狠狠数落一番时，不管那些批评如何正确，大多数人都会感到不舒服，有些人更会拂袖而去，连表面的礼貌也不会做，令提意见的人尴尬万分。这样的结果就是，下一次如果你犯更大的错误，就没有人敢劝告你了，这不仅会让你在错误的路上越滑越远，更是你做人的一大损失。当我们错了，就要迅速而真诚地承认。

　　如果你在工作上出错，就应该立即向领导汇报自己的失误，这样当然有可能会被大骂一顿，可是上司的心中却会认为你是一个诚实的人，将来也许对你更加器重，你所得到的，可能比你失去的还多。

　　事实上，一个有勇气承认自己错误的人，他不但可以获得某种程度的满足感，还可以消除罪恶感，有助于弥补这项错误所造成的后果。卡内基告诉我们，傻瓜也会为自己的错误辩护，但能承认自己错误的人，就会获得他人的尊重，而且令人有一种高贵诚信的感觉。

　　承认错误是一种人生智慧，只有人们对错误采取认真科学分析的态度，才能反败为胜。现实中，许多人为了面子死不认错，硬认死理，只好让自己一错再错，损失更大的"面子"。

　　由此，一个人要想有面子，就要不怕丢面子。孔子说："过而不改，是谓过矣。"意思是说，犯了一回错不算什么，错了不知悔改，才是真的错了。

　　闻过则喜、知过能改，是一种积极向上、积极进取的人生态度。只有当你真正认识到它的积极作用的时候，才可能身体力行去聆听别人的善意劝解,才可能真正改正自己的缺点和错误,而不至于为了一点面子去忌恨和打击指出自己过错的人。闻过易,闻过则喜不易,能够做到闻过则喜的人,是最能够得到他人帮助和指导的人,当然也是最易成功的人。

在我们犯了错误的时候,总是想得到别人的宽恕,而不是斥责。其实,宽恕是对我们的纵容,别人宽恕了我们第一次,我们可能会犯第二次、第三次。我们要学会在犯了错误的时候,坦率地承认,并担负我们该负的责任,而不是为了怕丢面子,而百般地辩解,文过饰非。

没有"不可能",只有"不去做"

美国第 16 任总统林肯曾经说过:"所有的不可能,只是存在于人们的想象当中。"这个世界上的事情没有什么不可能。只要条件具备了,所有的一切都会成为可能。而所谓的不可能,是人们拒绝成功,逃避现实的一种借口。

世界上没有"不可能",只有"不去做。"一件事如果你去努力了,去做了,那么迟早有一天会变成可能。试想,如果在两千年前,人类能想到有一天可以在空中实现飞翔吗?在海中自由遨游吗?能想到瞬时之间就能和千里之外的人相互说话问好,互通信息吗?但是这些曾经在人类历史上的不可能,经过人们世代的努力,今天都

变成了现实。人类无数成功的经验证明了，世界上的事情本来就没有什么不可能。

玛丽·凯是一家世界著名化妆品公司的创始人，她为自己的化妆品公司设计的吉祥物是大黄蜂。"由于它弱小的翅膀和笨重的身体，从空气动力学的角度讲，大黄蜂应该不能飞行。但是大黄蜂不知道这些，所以它可以自由地飞来飞去。"

我们有时会在自己的头脑中给某些潜能设立了极限，以为我们无法超越它。实际正是这种预先设立的极限妨碍了我们的潜能的发挥。我们只有学会打破它们，在还没有做之前，先不要说不可能，即使在做的过程中遇到了挫折，也不要轻易放弃。只有这样，我们才能突破现实的障碍。开拓出一片新的天地。乔治·丹特是美国斯坦福大学运算研究和电脑科学教授，下面是他的很有启发性的经历。

乔治·丹特是加利福尼亚大学伯克利分校数学系的一位硕士生。有一天，他上课又迟到了。进了教室后，他便匆匆忙忙抄下黑板上的两道数学题，他以为，那一定是教授留的家庭作业。那天晚上，在他坐下来解这两道数学题时，他感觉到这是教授有史以来留的最难的家庭作业。他冥思苦想了几个晚上，在试着解第一道题以后，又试着解第二道题，但都无法得出结果。可他仍然坚持着。

几天后，他终于取得了突破性的进展，解出了那两道题。他将作业带到教室，教授告诉他把作业放在他的桌子上，当时桌子上已经高高地堆满了纸张，他很担心自己辛辛苦苦完成的作业会被夹在这些杂乱无章的东西中弄丢了，但还是很不情愿地将作业放在了那里。

很长一段时间以后的一天早上，一阵巨大的敲门声将他从梦中惊醒，他很吃惊地发现敲门的竟然是教授。"乔治，乔治！"教授喊到，"你把它们解出来了！"

乔治说："是的，我当然解出来了，那不是你留的作业吗？"经过教授解释，乔治才知道，原来黑板上的那两道题不是家庭作业，而是数学界著名的难题，多年来许多有名的数学家都没能解决它们。教授几乎不敢相信乔治在短短的几天时间里就解开了这两道题。

事后，乔治说："如果有人事先告诉我这是两道非常著名的数学难题，或许我根本就不会试着去解它们了。"

由此看来，如果我们事先认为某事是不可能的，我们就不会采取积极的态度，也不会全力以赴，寻找解决的办法。结果，那件事就真的变成不可能的了。反之，如果我们事先并不把它当成是不可能的，我们就会想方设法，调动一切可能的力量去对付它，最终很可能会取得意想不到的成功。

在生活中，由于自己碰过壁，或者由于别人不断向你灌输某种"不可能"的理念。本来颇有能力的人，也容易产生"四面八方都通不过"的感觉，最终干脆放弃努力。应该警惕的是：所谓"事实证明我不行"，不过是有几次偶尔的挫折和失败，它们并不能代表生活的全部，更不能代表你永远失败。你完全可以通过改变外在条件，或提高内在能力，否定"事实证明我不行"。多试几次看一看，说不定你会创造原来想象不到的奇迹。

那些最大的成功者，总是敢于在风口浪尖上考验自己，将"不可能"三个字从字典中删除。他们不接受外界加给自己的"不可能"，更不允许自己对自己打击。在别人觉得最不可能成功的地方，他们最终取得了别人无法想象的成功。

清朝末年，孙中山留学归来途经武昌总督府，想见湖广总督张之洞。他递上"学者孙文求见之洞兄"的名片，门官将名片呈上。张之洞很不高兴，问门官来者何人？门官回答是一位儒生。张总督拿来纸笔写了一行字，叫门官交给孙中山：持三字帖，见一品官，儒生妄敢称兄弟。这分明是瞧不起人。

孙中山只微微一笑，对出下联：行千里路，读万卷书，布衣亦可做王侯。张之洞一见，不觉暗暗吃惊，急命大开中门，迎接这位风华正茂的读书人。对这样一个心无畏惧，勇敢地向高峰冲刺的人，谁能抵挡呢？

其实，每个人的身上都蕴藏着巨大的能量，而一个人二十几岁的时候，往往并不知道自己有多大的能量。但是事实上，你自身具有的这种能量比你自己想象得要大得多，它能够实现任何事情。只要你不要怕，不要悔，不要犹豫，放开手脚，努力去做，你就会把"不可能"变成"可能"。

别用淡漠来耍"酷"

酷，如今成为一种时尚，甚至令"漂亮"、"风流"之类黯然失色。酷是什么，至少从表面上是一种淡漠、冷酷，对任何人和事的不屑一顾。

酷对于一个迫切需要热忱的世界来说这多么可怕，对于一个期望有所成就的人来说，这又是一个多么愚蠢的选择。

战国时代的政治家苏秦是平民出身，但是却有伟大的抱负和理想。在那个时代，诸侯兼并，出现了齐楚秦燕韩赵魏七个国家，其中以盘踞在西方的秦国最强，不断攻击东方各国，大有一统天下之势。所以苏秦开始游说六国，希望六国的国君采用他的学说，联合抵抗西方的秦国，起初诸侯对他的主张并没有多大兴趣，但他毫不气馁，仍不屈不挠地四处游说，最后，他的热忱终于感动了燕国的国君，任命他当宰相，并以此为基础，提倡"合纵"政策，使六国国君都先后采纳了他的意见，由他一个人兼任六国的宰相。

秦国的势力很强大，但在苏秦主持"合纵"的15年中，也被逼得无法动弹，可见苏秦的策略有其成功的一面。

在中国的战国时代，各国求才的风气很盛，所以有才学的志士，只要肯去游说诸侯，大部分都能得到重用，其中最有名的，就是这个佩戴六国印信，而能号令天下的苏秦。苏秦的成就，除了他的周详计划和高度的说服力以外，主要的就是他对政治的一股狂热。那时候交通不便，想到各国去游说，确实很不容易。他单为了想见燕君一面，就苦思筹划了一年多，还没有十足成功的把握。这情形如果换了一个意志不坚定的人，可能会因为失望而作罢。可是苏秦却怀着无比的热忱及持之以恒的决心，全力以赴。

其实，不论做什么事，一定要有决心和热忱才能办成，如果是存着试试看的心理，往往不容易成功，因为当事人会由于缺少精神压力而激不起潜能。如果能坚持着热忱，就能发挥个人的潜力与智慧，而把事情圆满解决。

工作中的淡漠尤其不可救药，而只有它的反面——热忱才能助

你成功。

伍德鲁夫天性热情外向，可称是推销的奇才。

"要让全世界都喝可口可乐"——这就是他的目标。当时国内市场日趋饱和，开辟国际市场势在必行。他上台后，立刻增设了"国际开发部"，立志要把可口可乐推向世界。

然而，把这样一种略带药味的饮料推到国际市场，要使全世界饮食习惯各异的人都能接受它，谈何容易！

阻力首先来自可口可乐公司董事会那些保守的元老们，老董事杜吉尔怒气冲冲地责问道："我知道你上任后想显示一番，但你不能用全体人员的利益去孤注一掷。"

伍德鲁夫争辩说："美国的食品能在国外销售，这么好的饮料为什么就不能在国外销售呢？"

杜吉尔也振振有词："食品与饮料完全是两回事。不管什么人，对食品主要考虑的是营养成分，只要有营养，他们是愿意让自己的口味迁就食品的。而饮料只是消暑解渴，喝不喝都行，外国人怎么会放弃自己的传统和习惯去迁就我们的饮料呢？"

"你说得很有道理，但不管是哪国人都会有好奇心的习惯，这一点请不要忘记。"

杜吉尔答道："好奇心并不是习惯，好奇心难以持久，一旦不能从好奇心转变为习惯，那么在国外的推销就会失败，现在国内市场看好，我们犯不着到国外去冒险。"

这是一场开创派与保守派的争论。争论后伍德鲁夫陷入了沉思。在他的脑海中不断浮起在旧金山的唐人街上，许多中国人津津有味地喝着可口可乐的情景。中国够"遥远"的了，那里的人也应该和美国人口味不同,却为什么可以接受可口可乐呢?这一点,再次点燃了他的梦想。

他相信开发国际市场和国内市场一样,只要推销方式得当,手段得法,国际市场就一定能够打开。

1941 年,爆发了珍珠港事件,美国参加了第二次世界大战。战争使可口可乐陷入困境,国内市场不景气,向国外开发也一筹莫展。

内外交困使历来精明的伍德鲁夫备感忧虑:难道父亲一手创建的基业要败在我的手上了?

山穷水尽疑无路,柳暗花明又一村。正当伍德鲁夫发愁时,老同学班塞出现了。

班塞在麦克阿瑟手下任上校参谋,这次临时回国,特意给老同学打来电话。

伍德鲁夫说:"难得你还想着我啊?"

"我不是想你,我是天天在想着你的可口可乐!"班塞豪爽地笑着说,"好长时间没喝上你那深红色的'头疼药'了,在菲律宾热得要命的丛林中,真想喝啊!一下飞机,我就先喝了两大瓶,可惜我不是骆驼,不然真想灌上一肚子带回去慢慢消化。"

机会来了!敏感的伍德鲁夫从班塞的话中得到了灵感:"如果前线的将士都能喝到可口可乐,不就像是做活广告吗?那么当地的人也会纷纷购买,市场不就打开了吗?"的确,战争不仅会带动军火工业,而且也会刺激其他行业的生产,刺激疲软的市场。

伍德鲁夫不会轻易放过这个机会。

他开始了他的宣传攻势,凭着三寸不烂之舌大吹可口可乐可以"鼓舞士气",可以"调节前线将士的艰苦生活"。

但五角大楼的官员却连连摇头，只给了他"研究一下"的答复。

回到公司之后，伍德鲁夫发现形势已迫在眉睫，他决定展开一场宣传攻势，促使国际部的官员改变主意。为了一举成功，伍德鲁夫亲自指导宣传提纲的撰写，他说："一定要把可口可乐与前方将士的战地生活紧紧地联系起来，还要写清饮料对战斗的影响，可口可乐对前线将士的重要不亚于枪弹，公司的成败在此一举，各位要用尽全力，使之一举成功。"

画册最终定名为《完成最艰苦的战斗任务与休息的重要性》，并用新版印刷，画册图文并茂，生动感人。小册子极力宣传，在紧张的战斗中尽可能调剂战士的生活，当一个战士在完成任务、精疲力竭、口干舌燥时，喝上一瓶清凉的可口可乐，该是何等的惬意啊……

毋庸置疑，伍德鲁夫这一天才的热忱宣传，使国会议员、军人家属和整个五角大楼为之倾倒。国防部不仅同意把可口可乐列入军需品，还支持在军队驻地办饮料工厂。

五角大楼的有力支持，使可口可乐公司受益匪浅，不到3年时间，公司共在海外发展了64家加工厂，销量达到了50亿瓶。在这一时期，可口可乐公司成功地开辟了国际市场，还为战后的腾飞奠定了基础。

从伍德鲁夫的成功中可以看到，他在经营中极好发挥了他天性中的优势，他热忱、乐观、豁达，干起事来势如破竹，他的经营才华主要表现在他的对外交际上，特别是宣传上，热忱有度，行动上恰到好处。

淡漠是一种十分有害的病毒，一旦受其侵害，一个人便会整个儿地丧失活力——工作、爱人、朋友、娱乐一切不再能给你带来快乐。同时，还会把它传染给接触到的每一个人。也许仅仅外表上的扮酷并没有什么危害，但千万别让淡漠迷住你的内心。

心态不分年龄

一个人能否成功，完全取决于他的态度。成功者与失败者之间的差别是：成功者始终用最积极的思考、最乐观的精神和最有效的经验支配和控制自己的人生。失败者则刚好相反，因为缺乏积极思维，他们的人生是受过去的失败和疑虑所引导和支配的。他们徘徊在失败的阴影里，只能眼看着别人成功。

当青春一去不复返，眨眼间到了40多岁的时候，不是很多人会这么想吗：40岁的人了，还追求什么时尚呀？那些玩意儿都是年轻人的事，这辈子就这样了。

每个人都有诸多的遗憾：比如想旅游的人有时间时没有钱，有钱时却又没有了时间；想创业的人有能力时没机会，有机会时却又没了能力；靠体力吃饭的人年轻时用健康换金钱，老了又用钱来买健康等等。但最大的悲哀莫过于心灵归于死寂，总是想：我年龄大了，已不属于这个时代了，不会有属于我的辉煌了！

人到中年，最容易产生这样消极的想法，认为自己这辈子已经

步入一个既定的轨道，不再有种种的年轻冲动和欲望，只要安分守己按部就班地走下去就行了。

这种斗志和进取心的消失是最可怕的，它意味着已习惯了自甘平庸与落魄。

曾听过这样一个故事：一个算命先生为一个人算他的将来，说这个人20几岁时诸多不顺，30几岁时虽多方努力仍一事无成，那人焦急地问："那40岁呢？"算命先生说："那时，你已经习惯了。"

这是一个让人的内心猛然一震的故事，竟有种醍醐灌顶的感觉。而那些曾经努力过、但是没能成功而最终选择了放弃的人，有一种心疼的感受。经过生活一番的磨难之后，难道我们真的要被迫接受一种无奈的现实，麻木不仁地走向人生的终点吗？

"绝不！"我们要在心里大声对自己说。经过这十几年的磨炼，你也许没有取得别人眼中的成功，但这并不意味着自己就完了，就必须放弃。也许你已经把年轻时的万丈雄心收起，知道自己只是一个普通人，只是在做着一些普通事。你的心境归于平和，但绝对不能趋于死寂，要设定一些自己力所能及的、切实可行的目标，让自己每时每刻都有一颗积极的心，尽力干好并享受自己手头的每一件事，执著地爬上属于自己的高峰。

想建立好心态，就不要轻易下结论否定自己，不要怯于接受挑战，只要开始行动，就不会太晚；只要去做，就总有成功的可能。不要让年龄成为你逃避的借口，年龄只是一个数字，心境却是永恒。

想到才能做到

敢想是敢做的前提与基础,是迈向成功的第一步,只有迈出这一步,你才有机会施展才能,获得成功。

成功人士与失败人士之间的差别就在于:成功人士具有一个良好的心态,他们敢于直面困难,敢想敢做,能用最乐观的精神和最丰富的经验来支配和控制自己的人生。失败者刚好相反,他们的人生是受过去的种种失败与疑虑所引导和支配的。希望人们都能睁开心灵的双眼,努力发现周围美好的东西,不断挖掘自身的潜力,敢于大胆地设想自己的目标,并不断为之努力,这样你一定会有美好而充实的人生。

诚然,如今世界上的穷人确实太多了,他们大多数只是甘于过穷日子,从来没有想过自己为什么这么穷,从来没有人站出来说一句:穷,也要站到富人堆里。他们没有认清自己还有选择成功的余地。

然而,我们每天听到的却是这样的话:“我很喜欢那个东西,但是我买不起。”“我买不起”,“我花不起”。没错,你是买不起,但不必挂在嘴上。如果你不断地说“我买不起”,那你一辈子真的会这样“买不起”下去。选择一个比较积极的想法,你应该说:“我会

买的，我要得到这个东西。"当你在心中建立了"要得到"、"要买"的想法，你就同时有了期待，心里就有了追求它的激情。千万不要摧毁你的希望，一旦你舍弃了希望，那么你就把自己的生活引入了挫折与失望。有一个一文不名的年轻人，他说："总有一天，我要到欧洲去。"坐在旁边的朋友都嘲笑他太天真，20年之后，那个年轻人果然带着妻子去了欧洲。当时他并没有说："我想去欧洲，就怕我永远花不起这笔钱。"他心怀希望，希望就给了他动力，促使他为了要去欧洲而有所行动。假如你说："我花不起。"那么一切就会停顿，希望没有了，心智迟钝了，精神也丧失了，久而久之我们就会让自己相信事情是不可能的。而如果我们懂得运用"选择的力量"，则能带给我们希望和勇气，使我们能够力行不辍，去获取我们真正想得到的东西。

过去在同一座山上，有两块相同的石头，三年后发生截然不同的变化，一块石头受到很多人的敬仰和膜拜，而另一块石头却受到别人的唾骂。这块石头极不平衡地说道："老兄呀，在三年前，我们曾经同为一座山上的石头，今天产生这么大的差距，我的心里特别痛苦。"另一块石头答道："老兄，你还记得吗，在三年前，来了一个雕刻家，你害怕割在身上一刀刀的痛，你告诉他只要把你简单雕刻一下就可以了，而我那时想象未来的模样，不在乎割在身上一刀刀的痛，所以产生了今天的不同。"两块石头之所以最终有如此大的差别是因为一个是关注想要的，一个是关注惧怕的。过去的几年里，也许同是儿时的伙伴、同在一所学校念书、同在一个部队服役、同在一家单位工作，几年后，发现儿时的伙伴、同学、战友、同事都变了，有的人变成了"佛像"石头，而有的人变成了另外一块石头。

假如有一辆没有方向盘的超级跑车，即使有最强劲的发动机，也一样会不知跑到哪里；同理，不管你希望拥有财富、事业、快乐，还是期望别的什么东西，都要以一种敢想敢做的勇气去实现它。

在这个世界上没有什么做不到的事情，只有想不到的事情，只要你敢想并下定决心去做，你就一定能得到。

洛克菲勒在他还一文不名的时候曾说过："有一天，我要变成百万富翁。"他果然实现了愿望。所以，你应该了解：一切你想要得到的东西在还未实现之前，本来都只是一些想法。你的经济情况也一样，先要有想法，然后才会变成现实。想法改变了，外在改变也会随之而来，这可是一条永远不变的法则。如果你经常说"我付不起"、"我永远得不到"、"我注定是受穷的命"……那你就封闭了通往自谋幸福的路。只有不时进行选择性的思考，才会改变想法和现实。必要的时候，不妨运用一下想象力，你会发现：以前不敢奢望的好运会降临，生命会有转机，你的生命会出现一种崭新的面貌。

敢想是成功的第一步，有了一个美好的理想之后，接下来就要用积极的心态和行动去实现自己的目标。否则你的理想就会化为华丽的泡沫转瞬即逝。敢想敢做会使你施展全部力量，尽力而为，超越自我，使你把毕生的能力发挥到极限，排除一切障碍，使你的生活更加充实。

自我激励能战胜任何困难

生活中，我们难免会碰到困难，遇到挫折，而且你并不总能幸运地得到别人的帮助，因此，你一定要学会自我激励，只要你不放弃自己，那就永远不会真正地失败。

自我激励是心态积极的一种表现。自我激励能够激发你的斗志，激励你的信心，让你在遇到困难和挫折后仍然保持坚持进取的毅力，摆正自己的心态，继续向目标冲刺，去克服困难，克服挫折。

自我激励是来自你自己内心的力量，它能够让你在瞬间凝聚你内心深处的信心和勇气，唤醒你强大的内心力量，让你振奋精神，从失败和受挫的情绪当中走出来，重新面对现实，克服困难。

中古时期，苏格兰国王罗伯特·布鲁斯，曾前后10多年领导他的人民，抵抗英国的侵略。但因为实力相差悬殊，6次都以失败告终。

一个雨天，战败后的他悲伤、疲乏地躺在一个农家的草棚里，几乎没有信心再战斗下去了。

正在这时候，他看到草棚的角落里，有一只蜘蛛在艰难地织网，它准备将丝从一端拉向另一端，6次都没有成功。然而这只蜘蛛并没有灰心，又拉了第7次，这次它终于成功了。

布鲁斯受到了极大的启发:"我要再试一次!我一定要取得胜利!"

他以此激励自己,重新拾起自信心,以更高涨的热情领导他的人民进行战斗。这次,他终于成功地将侵略者赶出了苏格兰。

苏格兰国王从一只小小的蜘蛛身上,看到再度奋起的勇气,并以同样的方式激励自己,在再试一次中实现了自己的理想。

自我激励是人生中一笔弥足珍贵的财富,在人生的前行中能产生无穷的动力。一旦你拥有了自我激励的动力,你就给生命插上了美丽的翅膀。它将带着你展翅翱翔,创造属于你自己的人生辉煌。

从某种意义上说自我激励就是自我期待。人们激励自己的目的,就是为达到所期待的目标。走进美国航天基地的人,会看到一根大圆柱上镌刻着这样的文字:If you can dream it, you can do it. 这句话可译为:如果你能够想到,你就一定能够做到。

不错,想得到便做得到。一个心存梦想的人便是一个自我期待的人。

能够自我激励的人,首先就是一个能自我约束、自我了解的人。他能够在逆境中从容面对一切,鼓励自己,激发自己,让自己能够适时忍耐,在黎明到来之前作好充分的准备。

英国诗人拜伦在上阿伯丁小学时,因跛足很少运动,身体虚弱,走路都困难。

一天,几个健壮的同学在操场上踢足球,拜伦在旁边出神地观看。他有惊人的想象天赋,边看边在自己的脑海里想:自己该怎样拦截、抢球、射门,脸上不时呈现出紧张、惋惜、欣喜的神色。就

在他自我陶醉的时候，一个健壮而顽皮的同学郎司拉他去踢足球。拜伦不肯，郎司眼珠一转，想出了个坏主意。他恶作剧式地找来一只篮子，强迫拜伦把一只脚放进去，"穿"着这只篮子绕场一圈。当时拜伦真想扑上去打郎司一拳。但他怎么打得过高大健壮的郎司呢？无奈只好忍气吞声地把竹篮穿在脚上，一瘸一拐地绕操场走起来。同学们看了笑得前仰后合，郎司更是开心得双脚在地上跳。

但这次当众受辱的经历彻底改变了拜伦日后的命运。他意识到一切不公都来自于自己的体弱。从那以后，他激励自己，在别人嘲笑他的时候，他会在心里暗暗较劲。后来，这个意志坚强的人刻苦参加各项运动。一年半以后，他的体质明显增强了，手臂上的肌肉也凸了起来。在球场上，他能像三级跳远的运动员那样连续不断地飞跑。不久，他参加了学校运动会，恰巧他在拳击比赛中与郎司相遇，激战相持了很久，最后，拜伦一个勾手拳，击中郎司下巴，把他打倒在台上。观众为拜伦的意志、力量和永不服输的精神深深感染，他们欢呼着将拜伦抛向空中。

只要人活着，一切都还有希望。在很多生命的关键时刻，这种希望不是别人给予我们的，而是我们自己给予自己的。所以，一定要学会自我激励。

每个人在成长奋斗的过程中，都要面临外在条件的制约以及重重困难。这些条件和困难可能不同，甚至相差万里。但是每个人成长面临的困难归根结底却是十分类似的，都具有同样的一面。

你不要抱怨说你成长的特别困难，其实每个人的成长都是要付出艰辛和努力的。最大区别在于，有些人面对困难和挫折的时候，反而会越战越勇，他不会去苛责环境差，而只会苛求自己更进步、做得更好；而有些人却很在意外在的环境。其实困难都是客观的、均等的。所以请不要说成功的人条件特别好，失败的人条件特别差。真正奋斗过来的人，大概都会有亲身感受，大家拼的，绝对不是运气。

那么成功人士是怎样使自己拥有积极心态并充满信心的呢？那就是自我激励。他相信自己的价值，自己是伊甸园中的亚当，是世界独一无二的奇迹，没有比这更有价值的了。如果你想和别人一样成功，那么你就要学会自我激励。

对于二十几岁的年轻人来说，经常自我激励，用自我激励的方法让自己保持积极心态，克服困难，是对自己成长和成功非常有必要的。

自我激励的方法有以下几种：一是语言暗示。我们常常说的"言出必行"，原意是指自己会信守诺言，说过的话，就一定要办到。从另一个角度看，语言的确有促使自己行动的力量，也就是暗示的力量。如果你常常说，"我不行"、"我办不到"、"不可能"，久而久之，你就可能真的什么事情都办不到了。但是如果，你常常说，"找相信自己"、"我喜欢自己"、"我能"，久而久之，你就能够办到一些原本办不成的事情。如果可能的话，你将这些语言尽量大声喊出来。几声过后，你就会感到神清气爽，胸中充满了力量。

二是角色假定。人们常说。榜样的力量是无穷的，就是这个道理。为此，你可以应用这个方法，通过读你所在行业中的最优秀人士的传记，或者询问自己某某（自己假定的角色）会这样办吗等措施，进入专业人士角色之中，你就能够不断地提升自己。信仰基督教之人，只要常常会想着，"耶稣会怎样做？"他的心中就会充满一

种大爱和大智慧关爱世人。

三是相信自己的潜能。人的潜能是十分巨大的，在危难之际或者紧迫之时，人的潜能就可以爆发出来。"人类体内蕴藏着无穷能量，当人类全部使用这些能量的时候，将无所不能。"世间无人知晓人体内到底蕴藏着多少能量，但是即使是已知的能量，对于最专注的人类行为观察家们来说也是不可思议。这些能量的相当一大部分都是超乎寻常的，退一步说，起码有一部分不同凡响，就使人们具有无止境的力量和潜能。那么，试想一下，当人能够发动全部能量的时候，一切会是怎样。自信其实很容易办到。

第九章
二十几岁不学习，三十几岁学习起来更吃力

　　学习是世界上最值得进行的投资。成功，取决于能力，而能力，取决于学习。只有不断地学习，人才能不断地进步，跟上社会发展的步伐。学习能力，是一个人取得成就的关键。如果一个人不会学习，那么他永远不会取得成功。二十几岁接受能力和适应能力都很强，正是人生学习的最佳时期，年轻人应该懂得利用好这段时期，不断学习，从各个领域吸收对自己有利的知识，不断丰富自己，为三十岁积累足够的知识，为成功奠定坚实的基础。

学习决定未来

现在大多数人都渴望在事业上获得成功，那么什么样才算成功呢？当你开着豪华汽车、住着高档住宅、购买奢侈品时就代表你成功了吗？不是。真正的成功往往不是简单地以财富的多少来衡量的。成功是一种境界，真正成功的人，永远也不会满足于现状，而是不断地学习，突破自己。

能力又是什么呢？能力是做事的本领，没有人天生就可以说话，没有人天生就能写字，这些基本的能力是通过后天学习而得到的。什么样的人最有能力？在同样的工作条件下，相当的智力状况，有的人能出类拔萃，创出骄人的业绩，有的则工作平平，见不到特色和成绩。绝大多数人看待优秀者，往往只关注他们工作的成果和辉煌的业绩，很少去跟踪和分析他们的行为习惯。换句话说，就是只羡慕别人篮子里的苹果多了，但没有留心是怎么多起来的。能力代表的只是现在，在信息社会发达的今天，不管你现在多么有能力，如果你一天不学习，用不了多久就会被社会淘汰出局。请多学习、多行动，让你的能力成为你身体的一部分。

学习是什么呢？有人说当你把学校所学的全部忘记后，剩下的就是真正教育所带给你的东西，这句话有一定的道理。学习是一种习惯，是成功的阶梯，是不断进步的过程。当你渴望成功时，那么你就得不断地学习，昨天已经成为历史，你无法控制，明天还未到来，你更不能左右，你能左右的只有今天，你的未来是什么样，要看你现在是如何做的。学习决定未来！

春秋时期，晋国的晋平公作为一位国君，政绩不平，学问也不错。在他70岁的时候，他依然还希望多读点书，多长点知识，总觉得自己所掌握的知识实在是太有限了。可是70岁的人再去学习，困难是很多的，晋平公对自己的想法总还是不自信，于是他去询问他的一位贤明的臣子师旷。

师旷是一位双目失明的老人，他博学多智，虽眼睛看不见，但心里亮堂着呢。晋平公问师旷说："你看，我已经70岁了，年纪的确老了，可是我还很希望再读些书，长些学问，又总是没有信心，总觉得是否太晚了呢？"

师旷回答说："您说太晚了，那为什么不把蜡烛点起来呢？"

晋平公不明白师旷在说什么，便说："我在跟你说正经话，你跟我瞎扯什么？哪有做臣子的随便戏弄国君的呢？"

师旷一听，乐了，连忙说："大王，您误会了，我这个双目失明的臣子，怎么敢随便戏弄大王呢？我也是在认真地跟您谈学习的事呢。"

晋平公说："此话怎么讲？"

师旷回答说："我听说，人在少年时代好学，就如同获得了早晨温暖的阳光一样，那太阳越照越亮，时间也久长。人在壮年的时候好学，就好比获得了中午明亮的阳光一样，虽然中午的太阳已走了一半了，可它的力量很强、时间也还有许多。人到老年的时候好学，虽然已日暮，没有了阳光，可他还可以借助蜡烛啊，蜡烛的光亮虽

然不怎么明亮，可是只要获得了这点烛光，尽管有限，也总比在黑暗中摸索要好多了吧。"

晋平公恍然大悟，高兴地说："你说得太好了，的确如此！我有信心了。"

诚然，不爱学习，即使大白天睁着眼，也只能两眼一抹黑；只有经常学习，不论年少年长，学问越多心里越亮堂，才不至于盲目处世、糊涂做人。

我们每个人都是置身于社会中的人。从一开始自娘胎呱呱坠地，不通人事，纯粹是个生物学意义上的人，到成长为社会人，并逐步适应社会生活，这是个完整的社会化过程。我们每个人都是经由这个过程才真正成熟，从而融入到家庭、工作单位乃至整个社会中的。

实际上，社会化的过程就是终身学习的过程。哈维格斯特曾经把人的社会化分成六个阶段：幼儿期，学习走路，吃固体食物，学习说话，学习控制自己的脾气，学习区分善恶，学习与父母、兄弟姐妹以及他人建立情感，等等；儿童期，学习一般性游戏中必要的动作技能，发展读、写、算的基础能力，学习男孩或女孩角色标准；青年期，学习男性与女性的社会角色，准备选择职业，做组织家庭的准备；壮年初期，学会与配偶一起生活，管理家庭，教养孩子，担任职务；中年期，充实成人的业余生活，形成一定的经济生活水准；老年期，充分享受生活的美。

可见，终身学习的含义非常广泛。在不同的社会化阶段有不同的目标，重点不同，要学习的东西也不同。对于进入职场的人来说，青年期、壮年初期、中年期三个阶段又是要时刻把握好的。

最重要的是，要在职场生涯开始前，慎重地根据自己的特长制订职业发展计划。这个职业发展计划实际上包括一个职业阶梯，由低至高，一步步来，如从市场部基层人员，到市场部经理，再到公司主管市场的总裁。我们的职业规划要切实可行，在一个职位上的时候，可以学习下一个职位必备的知识，以便为晋升做好准备。

社会是一所大学

大学不是每个人都有机会念，但有一所大学确实是人人得念之，而且是不念还不行，那就是社会。只要你踏入社会后，你当然是社会这所大学的学生，哪怕你根本没念过书，或者拥有博士学位。想逃也逃不掉。

凡是有过一段比较复杂的生活经历的人，凡是经受过社会锻炼和考验的人，凡是在事业上有所建树、有所成就、有所贡献的人，凡是各行各业的成功人士都会有切身的体会，社会的确是一所大学校。社会不仅是人生的大学校，也是知识的大学校，还是检验和测定人的素质高低，检验和测定人的知识的运用能力，以及社会应变能力、社会活动能力等综合素质的大学校，更是弥补自己在学校学习的知识不足之处，全面锻炼和提高人的综合素质的大学校，也是人生的一个大考场、大熔炉、大世界！

小辉是一个大学的学生。放暑假回家看望爸爸妈妈，早上，爸爸让他上街买猪油。到街上，他看到有一个以前经常卖肉的叔叔在

卖猪油，于是就走上前去让人给他两袋，看也没看就拿着回家了。可当他拎着沉沉的两袋猪油回到家时，爸爸微笑的表情马上就变了，因为他看到小辉买的两块猪油里面都裹着一大块肥肉，根本没法用。爸爸当时就骂他怎么不打开看看，他说他怎么知道，况且那又是跟熟人买的，当时觉得很委屈。事后，爸爸说："这件事也好，通过这件事能让你知道，社会和你现在的大学是两码事。以后要经历的事情会更多，社会才是一所真正的大学。"

　　一个年轻人，只有及早地认识到了社会的复杂性，才能更好地适应社会。社会并不像学校那么单纯，但是社会也有比学校更为丰富的知识。到处都有让你学习的地方。

　　社会是一所大学，在于它拥有纷繁复杂、包罗万象的知识。它的知识无处不在，无处不有，无处不切合实际，无处不真真确确，无处不实实在在。这些知识，可以说还没有任何一个人能够全部掌握，如果说社会是一部书，那它就是一部地地道道的大百科全书，这部书古往今来还没有人读完过，将来也不会有能全部读完这部书的人。

　　如果说社会这部书的知识是一个知识海洋的话，那么任何一个学者、教授、专家终身所学的学问和知识也不过是其沧海之一粟；任何一所学校所有的知识总和也不过是其沧海一粟；任何一个国家的大学知识总和也不过是其沧海一粟；任何一所大型图书馆的藏书知识的总和也不过是其沧海一粟。如果说把社会知识的宝库比作一所特大型综合类图书馆的话，那么，这个图书馆至今还没有人能够将所有知识具体分类，详细分类；还有很多知识还不知道到底归结到哪一类；还有许多学科知识还没有人能够发现，更无法命名；还有许多边缘科学正在随着科学技术的发展不断被开发出来，就好像电脑这门科学今天已经变为现实，但在几千年前却无法想象一样。同样，现在还无法想象的东西，再过若干年以后就会变为现实。对于整个社会的知识不但没有人能够全部掌握得了，也没有人能够全部管理得了。社会知识每个人终身受用，终身够学，取之不尽，用之不竭。

社会是一所大学，每个人都能在这所大学校里学到对自己有用的东西，哪怕他（她）是文盲，凡是要生存下来，就必须掌握一定的社会知识，即使不掌握文化知识，但社会知识却是必不可少的。不但成功人士大都会感觉到，而且专家、学者、教授也感觉到，在学校所学到的东西只占终生所学知识很少的比例。即使是硕士研究生、博士研究生、博士后在走上社会以后，其所学到的社会知识占全部知识的比例高达80%，甚至更高。而在学校所学的知识再多也是起步或者打基础。当然，如果没有学校知识的基础，也是难以创造成就的。但是，取得成就的大小，可能在很大程度上需要走向社会以后自发的学习，重新确立自己的知识结构，特别是从社会实践中总结知识。有的人在学校里总是拿高分，可是走向社会以后却很平常；有的人在学校里成绩并不那么突出，或者是中上水平，走向社会以后却很有成就。这是什么原因呢？这就是看在社会这所大学校里能学到多少，能力如何。

社会之所以是一所大学，在于这所学校里有无数的老师和学者。他们都是不收学费的老师，都是无私奉献的老师，都是各有所长的老师。不但有正面的老师，而且有反面的老师；不但有知识渊博的老师，而且有没有进过学校大门的老师；不但有言传身教的老师，

而且有默默无闻、潜移默化的老师，甚至有无师自通的老师。

　　社会是一所大学，在于这所学校里有无数的课堂，有无数的考场。几乎每个人每天都在接受不同程度、不同位置、不同环境、不同对象的教育和考验。不论是成功，还是失败；不论是成绩优异，受到好评，还是成绩不佳，受到批评；不论是得到重奖，还是造成损失；既是一堂人生课的进行，也是另一堂人生课的起点。

　　每一个人都必须经受社会这所大学的学习、锻炼和考验，成功者无数，其标志是人生的成功；失败者也无数，其标志是人生的失败！取得最大成就的成功者就是有口皆碑，流芳百世的历代名人；最大失败者就是遗臭万年，遭人唾弃的人生败类！这些都是在社会这所大学校里锻炼、检验出来的。只有终身在这个熔炉里经受锻炼取得成功的人，才是成功的人生。

　　社会这所大学没有教师，没有固定的教室，没有人会来点名，也没有学分，更是没有毕业证书，仅有的只是一场一场大大小小的考试——社会现实的试练！用功的人可以拿高分，用功的幸运的人则可以过关斩将。一辈子得意不用功的呢？有的伤痕累累，勉强及格，有的在及格的边缘争取补考的机会，有的则一辈子再也无法在这所大学立足。

　　是的，社会这所大学的考试就是如此的残酷、可怕，所以你怎么能不战战兢兢在这所大学中好好学习呢！社会这所大学没有固定的学科，不过总而言之它的课程包括："人生观的建立，生存条件的充实，人际关系的增进，对挫折与失败的忍受，对人性的认识。"这些课程并不是分开考试，而是综合的测验。当然各项比重有些不同，但其中一项较差就会影响整体成绩。这些可如何学习？前面说过社会这所大学没有固定的教室及老师，如何去学呢？完全看自己。而实际上社会上的事事物物都是你的老师。

因此在社会这所大学里，你应该有谦卑心，切莫自以为是，同时也要有旺盛的企图心。若你以为你在学校里所学知识已经足够，那么你就错了，社会这所大学的课程远比学校的复杂多了，而且还要告诉你一个事实，如果考试及格或过关斩将，你就收到无数的鲜花和祝贺。但如果不及格则只能独吞泪水，忍受寂寞与嘲弄，而且没有人会同情不及格的人。这是事实，而不是恫吓。

所以在社会这所大学里你怎能不用功呢？

给自己立一个学习目标

据有关机构调查，这个世界上每天产生的信息，如果让一个人学需要1100年才能学完，并且知识又在以40%的年淘汰率更新，将来的机会属于会学习的人。

从国家到企业，从团队到个人，都拼命地在学习，在充电。于是报班，买书，拜师……结果到最后把自己学得四分五裂的。所以就出现了学习的误区：学不完、学不全、学不透。

所以学习要找到自己的方法。特别是离开学校以后，更要注意学习的方法。因为已经没有了学校的氛围、环境和时间，所以就要用成人的学习方式。读书可以增长知识，有的人为什么老是看

不开，经常抱怨？就是因为他的知识少、很多事情不知道造成的。"读万卷书不如行千里路"这是一个实践的过程。最重要的是读人，这是学习的最高境界。李世民曾说："以铜为镜，可以正衣冠；以古为镜，可以知兴替；以人为镜，可以明得失。"所以，不能盲目地去学习，最有效的是给自己定一个长远的学习目标。你想成为什么样的人，朝着这个目标去努力、去学习，你就会实现这个学习的目标。

当一个人只顾眼前的利益，得到的终将是短暂的欢愉；而当一个人目标高远，同样也要面对现实时，只有他把理想和现实有机结合起来，才有可能成为一个成功之人。有时候，一个简单的道理，却足以给人意味深长的生命启示。

这就是古人说的："立目标，得乎大，取其中；得乎中，取其小；得乎小，取其无。"

学习不是说起来那么简单，要把你所学到的知识灵活地用到做事、做人上去。我们经常说修炼也是一种学习，要善于模仿，要善于创新。你跟成功者在一起的时候，就要学习成功者的精神，学习别人的学习的劲头。借鉴别人的知识就会使你的成功之路更加通达。

有效的学习能力是衡量一个人水平高低的标准。我们可以通过学习来开发大脑，汲取有价值的信息和资讯。已经有实践证明，只要是通过自我超越、心智模式等提高学习的修炼，就能在原有的基础上发挥出更好的水平，创造辉煌。你提高了自己的学习力，也就是练好了内功。同时你也提高了自身素质，有利于身心的健康。

每天都要多学一点

在这个日新月异的网络信息的发展时代，如果你故步自封，一味地"吃老本"，你就会很快地落伍，到处惹人嫌。在这一切以知识为导向，以创新为基根的时代，我们唯一能做的就是学习、学习、再学习。只有不放松自己，让自己不断地充电，才不会与社会脱节，与时代脱轨。

我们常常看见有些年轻人，天分和学历都很高，却没有成为公司的栋梁之才，甚至在不久后会被扫出公司。原因是什么？归根结底就是没有意识到自己需要进步，需要与时俱进。他们把学校学到的知识用来换取一定的薪水，之后，就乐不可支地和朋友去蹦迪、进馆子了。不管明天怎样都是一个潇潇洒洒的艳阳天。

"看一个人怎样利用他工作以外的时间，就可以看出一个人的前途"这句话一点也不假。要想成就一番事业，就要比别人更能吃苦，比别人懂得更多，娱乐的时间更少。

知识可以给人力量；知识可以丰富人的生活；知识可以创造生命轨迹。

学习是成才的基础。只有不断地学习才知道自身的不足，才能创造更多的物质财富和精神财富。"才以学为本""学者，学者，学而为智者，不学而为愚者"都证明了这个道理。每天比前一天都进

步一点点，那么你的知识就会如雨滴汇成小溪，小溪汇入大河，大河汇入大江一样源源不断，积少成多，最终成就了自己。

20世纪最初的几十年里，在太平洋两岸的美国和日本，有两个年轻人都在为自己的人生努力着。

日本人每月雷打不动地坚持把工资和奖金的三分之一存入银行，尽管许多时候他这样做会让自己手头拮据，但他仍咬咬牙照存不误。有时甚至借钱维持生计也从来不去动银行的存款。

相比之下，那个美国人的情况就更糟糕了，他整天躲在狭小的地下室里，将数百万根的K线一根根地画到纸上，贴到墙上，接下来便对着这些K线静静地思索，有时他甚至能对着一张K线图发几个小时的呆。后来他干脆把自美国证券市场有史以来的记录搜集到一起，在那些杂乱无章的数据中寻找着规律性的东西。由于没有客户挣不到薪金，许多时候这个美国人不得不靠朋友的接济勉强度日。

这样的情况在两个年轻人的世界里各自延续了六年。

六年的时光里，日本人靠自己的勤俭积蓄了5万美元的存款；美国人集中研究了美国证券市场的走势与数学、几何学和古老星象学的关系。

六年后，日本人用自己在艰苦的岁月里仍坚持节衣缩食积累财富的经历打动了一名银行家。从银行家那儿获得了创业所需的100万美元的贷款，创立了麦当劳在日本的第一家分公司，从而成为麦当劳日本连锁公司的掌门人。他叫藤田田。

同样是在六年后，美国人成立了自己的经纪公司，并发现了最重要的有关证券市场发展趋势的预测方法，他把这一方法命名为

"控制时间因素"。他在金融投资生涯中赚取了 5 亿美元的财富，成为华尔街上靠研究理论而白手起家的神话人物，他叫威廉·江恩。如今，他的理论被译成了十几种文字，成为世界各地金融领域的从业人员必备的知识。

藤田田靠节衣缩食攒钱起家、江恩靠研究 K 线理论致富，这两个看似风马牛不相及的故事中蕴涵着一个相同的道理，那就是许多成就大事业的人，他们也同样是从一点一滴的努力中创造和积累着成功所需的条件的。

不断地学习，成就了两个成功的人。虽然在不同的国度，不同的工作领域，不同的生活背景，但是他们成功的方法都是一样，那就是不断地获取知识，不停地积累。

其实，每个人在起初都是一样的。但是在几年、十几年后就慢慢产生了距离，有的人在原地踏步，而有的人早已经飞黄腾达。一个主要的原因就是：学习和积累。

学习能够改变命运。积累知识和不停钻研，总有一天会由量的积累产生质的飞跃，完全地改变你的人生。对于二十多岁的年轻人来说，正处于学习的最佳时期。不要对自己苛求太高，每天多学一点点，日积月累，你就会超出别人许多倍。

不要小看每天的几分钟，十几分钟，它带来的结果却是惊人的，它甚至能够扭转你的命运，改变你的生活状态，成就你的人生。

所以，对于每个年轻人来说，每天多学一点点，就完全可以成就自我。

积累知识，提升自我

　　如果说走向成功是一条艰辛的道路，那么积累就如同路上的一块块垫脚石，帮你一步一步地接近成功，取得优异的成绩。我国著名数学家华罗庚说过："聪明在于勤奋，天才在于积累。"学习也是如此，只有不断地日积月累，才能拓宽自己的知识面，提高自己的学习成绩。

　　毋庸讳言，作为作家的巴金，在人生的前期，已经完成了辉煌的文学创作，"激流三部曲"以及《憩园》、《寒夜》等作品，使巴金垂名于中国现代文学的殿堂。巴金的后半生，作家的身份虽然愈加显著，而其思考者的角色却愈加明晰。历史给予巴金长寿的人生，使他可以身历时代变迁之波澜和奇诡，品味个人命运之艰辛和微渺，进而思考，并著之竹帛，流布四方，为读者所知，启读者之思。

　　英国著名科学家焦耳从小就很喜爱物理学，他常常自己动手做一些关于电、热之类的实验。有一年放假，焦耳和哥哥一起到郊外旅游。聪明好学的焦耳就是在玩耍的时候，也没有忘记做他的物理实验。

　　他和哥哥划着船来到群山环绕的湖上，焦耳想在这里试一试回声有多大。他们在火枪里塞满了火药，然后扣动扳机。谁知"砰"的一声，从枪口里喷出一条长长的火苗，烧光了焦耳的眉毛，还险些把哥哥吓得掉进湖里。

这时，天空浓云密布，电闪雷鸣，刚想上岸躲雨的焦耳发现，每次闪电过后好一会儿才能听见轰隆的雷声，这是怎么回事？

焦耳顾不得躲雨，拉着哥哥爬上一个山头，用怀表认真记录下每次闪电到雷鸣之间相隔的时间。

开学后焦耳几乎是迫不及待地把自己做的实验都告诉了老师，并向老师请教。

老师望着勤学好问的焦耳笑了，耐心地为他讲解："光和声的传播速度是不一样的，光速快而声速慢，所以人们总是先见闪电再听到雷声，而实际上闪电雷鸣是同时发生的。"

焦耳听了恍然大悟。从此，他对学习科学知识更加入迷。通过不断地学习和认真地观察计算，他终于发现了热功当量和能量守恒定律，成为一名出色的科学家。

有的人工作十年二十年，甚至一辈子，可能他的"道行"只有两三年。有的人工作两三年，他的"道行"可能是五六年。"道行"不是仅以工作年限论深浅，而是凭积累论深厚。为何有如此大的差距？积累使然。一个善于从理论与实践中积累的人，他的智慧也将会与日俱增。

要懂得"学以致用"

学习的确非常重要。我们很多人从一上学开始，就被家长、老师反复地强调：学习好才有前途，学习是你目前最重要的任务。在这样的反复叮嘱和教导下，很多人将学习奉为珍宝，不假思索地加以学习，为了学习而学习。但是却忘了思考：学习的目的是什么？为什么要学习。

在这样的状况下，很多人把学习当成了机械式的背诵、记忆，书本知识的复制。读死书，死读书。他们学习就是为了拿更多的高分，证明自己能记会背。

可是真正的学习目的并不是书本知识的重复，而是知识在现实中的应用。简单说就是要达到：学以致用。如果不能在实际当中发挥作用，那么再多的书本知识都只是一筐废纸，一堆教条，没有任何价值。

在如今"应试教育"的体制下，有很多年轻人走入了学习的误区，把学习当成考试的工具、升官发财的捷径，但是从来不去考虑学习书本知识能在实际当中产生什么作用，对社会的发展进步起到什么实际的意义。这些人即使是获得了一堆的证书、文凭，可是现实当中，也只是一个书呆子，没有任何用处。

曹操小名叫阿瞒，从小就爱好游猎，游荡无度，不爱舞文弄墨，成天和几个小混混，在街上邻里之间到处惹是生非。为此七乡八邻都说曹操就是一个败家子，说他将来肯定是没出息的人。而他的两个哥哥却勤奋好学，知书达理，人们都称赞他俩有公侯之相。曹操听了很不以为然，大骂他的两个哥哥是书呆子，学而无用。还自视清高地说："我会比他们更有本事！"把老父亲气得牙痒痒。无奈父亲虽恨曹操不争气，但却因他是小儿子而又格外宠爱他，所以对他的所作所为只好睁一只眼闭一只眼。

一天，老父亲把三个儿子都叫到书房里，对他们说："孩子们，你们都快长大成人了，我也老了，以后曹家光宗耀祖的重任就落在你们身上了。不知你们这些年学得怎么样？今天我出个题考考你们，看你们谁完成得最快最好。"两个哥哥听了很高兴，因为"四书五经"他们都背得滚瓜烂熟，任取其中的一篇文章，他们都会脱口而出，考试肯定没问题。唯有曹操站立在那不露声色，非常镇静。

老父亲叫人拿来一个乱糟糟的麻团，对他们说："今天就考你们这道题：谁在一炷香的时间内把这团乱麻捋直谁就过关。"曹操的两个哥哥一听都傻了眼，嗯？我们天天读书怎么没有见过这样的怪题？老父亲叫大儿子先来。老大哭丧着脸说："爹，这么团乱麻就是捋三天三夜也捋不完，何况是在一炷香时间内，你能不能另出道题？《诗》、《书》、《礼》、《易》、《春秋》随便哪一本都行。"老父亲气得瞪了他一眼，喝他住口。又叫老二来做，老二皱着眉说："爹啊，真的捋起来，恐怕我死了，也捋不完啊。"老父亲失望地摇摇头，恨声骂道："你们这些没用的东西，遇到事情不肯动脑子，就会叫苦！枉我白养你们这么多年。"气得他吹胡子瞪眼，连曹操也不问了，就把那团乱麻扔在一旁，正转身要出书房。这时，一直没说话的曹操

忽然冲出了书房，朝厨房跑去。曹父和他的两个哥哥都大吃了一惊，不知他要干什么。

不一会儿，曹操手里拿着一把菜刀又跑回书房，没等大家回过神，就对着那团乱麻，"嚓嚓"几刀，把乱麻斩成数段。两个哥哥一看着急地大喊："阿瞒，你又在这里瞎捣乱，还不快把刀放下。"老父亲见了却十分惊喜："瞒儿真聪明！快刀斩乱麻！我曹家有望了！"

于是老父亲把曹操叫到身旁，语重心长地说："瞒儿，当今朝廷腐败，宦官当权，民不聊生，天下必将大乱，汉家必将灭亡。乱世出英雄啊！瞒儿切记，非常年代宜采非常手段，犹如快刀斩乱麻，切不可循蹈于常规，拘泥于旧制，如此方能成就大事啊。"曹操听了连连点头，牢牢记住老父亲的嘱咐。

后来黄巾军起义，天下大乱，曹操在乱军中迅速崛起。他"挟天子以令诸侯，诛吕布，败袁绍，平张鲁，一统中原，与刘备、孙权三分天下"，成为中国历史上有名的军事家、政治家。

曹操能成为三国时的一代枭雄，显然并不是因为他会读书，而是因为他会用书。他在小时候能够战胜两个会读书的哥哥，就是因为他善于动脑筋，解决实际问题，而不是照搬书本的知识和理论。

每个人成才离不开知识，但是成才不能只靠死的知识，还需要把知识运用到现实当中的能力。如果一个人只会纸上谈兵，那么他读再多的书还是没用。

学习是要掌握方法的，孔子说："学而不思则罔，思而不学则殆。"意思是说，光学习还不行，在学习的时候还要勤思考、会领悟，学到的知识才会融会贯通，理论与实际情况相结合，在实践的过程中要把实践与理论全部变为自己的东西，不断地领会自己的经验和理论从而达到完善与成熟，从里到外升华自己。

学习知识不只是死读书而已。学习知识的最终目的是让知识为我所用，让知识在适当的时候发挥适当的用途，达到人们的目的。不能灵活运用，再多的知识也只是理论。所谓"尽信书不如无书"，到头来也只是浪费了自己的时间。这样的人还不如不读书。

再多的书本知识，不能在你的生活和现实中起到指导作用，就只是书本知识而已。

对于二十几岁的年轻人，学习是很重要。可是比学习更重要的是知识的实际应用能力。如果只是听从别人的教导，拿高分，读死书，不重视实际能力的提高，那么这个人的知识就相当于一堆垃圾。所以，作为年轻人，一定要在学习之前明白自己学习的真正目的，有选择、有目的地去学习，而不只是对着书本照本宣科。能够"学以致用"的人将来才能大有可为，才能在现实当中成为时代的佼佼者。

自学也是一种成才途径

如果你在早年因为种种原因失去了学习的机会，那么你就会永远落伍吗？不是的，只要你想重塑自己，只要你有上进的决心，只要你想弥补因以前失学而造成的知识断层，你完全可以通过自学成才。

　　许多人都有过度重视大学教育的心理，那些不曾受过大学教育的人，时常会感觉到一种自卑感，他们往往认为这是一种无可挽回的损失，是一生都没有办法补救的缺陷。他们甚至这样以为：不管以后怎样去自学都于事无补，根本达不到与大学教育同等程度的知识水平，自修得来的学识总是有限的。然而，一个不争的事实是：世界上许多极负盛名的学者一开始就没有读过什么大学，有的人甚至连中学的大门都没有跨进过。有一句话说得好，"第一个大学生没有导师"，这句话的现实意义乃至哲学意义，都会给人以深刻的启迪。

　　爱迪生只上了3个月的小学，但他是世界闻名的发明大王；高尔基只上到了小学的五年级，但他是俄国乃至世界级的大文豪；华罗庚只是个中学生，但他是驰名寰宇的数学家。这些名人，能取得这些成就，获得这些耀眼的光环，都是他们勤于自学、博览群书的结果。

　　不仅历史上自学成才的典故很多，就是在当代，这样的例子也比比皆是。其实无论是到学校接受正规的教育，还是通过媒体、书籍等途径，都是一种"自学"。因为无论什么形式的学习，都要自己去吸收，去掌握，把外界的知识变成自己的知识。其实在一定程度上，"自学"更有助于学习能力的培养和主观能动性的发挥。只要我们获得了知识，丰富了自己的思想，开阔了自己的眼界，就等于达到了学习的目的，那么我们的学习就是有价值的，就是成功的。

　　其实，不仅仅很多名人依靠自学成才，很多普通人也依靠自学改变了自己的命运。

　　刘明1960年出生，1岁时患小儿麻痹双腿乏力，9次手术也没有改变重度残疾的命运。刘明哭过、绝望过。然而，意志坚强的他没有被重残吓倒，没有放弃对美好生活的向往和对理想的追求。他想：自己还有健全的双手和灵活的大脑，有手有脑就有一切。他坚信一点：自己只要努力，许多事都能做到。

双腿的残疾没有挡住刘明上学的路，那是一条漫漫的自学之路。在十多年的时间里，他学完了小学、中学、大学的全部课程，而且文理双修。在英语学习方面，刘明更可谓不遗余力。他是通过广播电视自学的英语。为此他长期订阅《中国电视报》、《中国广播报》以及相关的地方报纸，目的是可以及时听到他所能收听的所有的英语节目。同时，为了减少学习的盲目性，增加系统性，他认真参照英语教学大纲进行自学，极大提高了学习效率。

但是自学英语的问题是，不可能做到你想学什么就有什么的。比如，刘明特别喜欢英语新闻，经常收看电视英语新闻，因为在他看来，收看英语新闻不但可以了解天下大事，活跃思维，而且有助于训练听力，学习口语。但是电视节目转瞬即逝，而且没有书面材料，让人很难准确掌握新闻语言的特点。怎么办？聪明的刘明买来了《英语新闻听力模拟训练》和录音带等有关材料，开始听力训练，同时又到"英语角"练习会话。在"英语角"里，刘明是唯一的一位残疾人，他刻苦求学的精神让英语角的所有人感动，他的英语水平更让那里的人惊叹不已，甚至连外籍老师不敢相信他是自学的。

经过十几年的刻苦努力，刘明先后取得了电视大学英语、高等数学两门课程的结业证书，以及高等教育自学考试英语专业英语精读合格证书。这期间，刘明还靠自己摸索着苦练，掌握了中英文打字技术，并达到了熟练"盲打"的程度。

　　1985 年，学有所成的刘明决定用自己的知识和双手养活自己，便开了一家翻译打印店。从此，自学成才的刘明走上了自立的人生道路。

　　自学的途径很多，刘明就是通过函授勤奋自学而成才的。如果我们每个人都有刘明的精神，都重视自学，那么就找时间学好了，相信也能获得很棒的成果，这必将有助于你事业上的成功。事实上，我们有很多机会学习，而且这些机会是随时随地的。只要你想努力进修并全神贯注，那么就完全可以弥补因失学造成的知识断层，甚至有可能成为某一个领域的专家或学者。

　　当你打定自学的主意时不要忘记，无论你遇到什么人，他们都会对你有所帮助，会使你增加一些知识与经验，从而使你的自学道路既减少走弯路又走得很快。比如你遇见了一个瓦工，他会告诉你关于建筑方面的知识；比如你遇到了一个印刷工，他会告诉你很多印刷方面的技术；比如你遇见了一个农夫，他会教给你农业方面的很多知识……事实上，这是一种很有效的自学途径，说它有效，是因为它更直观，更便于接受。另外从技术上说，别人的言传身教，是一种在场景中的直观教学，放弃这样的学习机会，实在是天大的失误。可以说，不重视别人教授的知识就是对自学的轻视。

第十章
二十几岁不锤炼,三十几岁难立足

　　职场是人生的历练场,是年轻人获得地位和能力,体现自我价值的"阵地"。在职场上能否站稳脚跟,并且脱颖而出,做出一番事业直接决定了一个人一生的成就。二十几岁的时候打好自己的职场根基,在三十几岁的时候才能有能力、有稳定的职场地位。要想达到这一目标,就要在二十几岁的时候锤炼自己,努力适应职场的规则,在职场中游刃有余,无往不胜。

不断提升自己的能力

一个人生存状态的好坏，不仅在于他有什么样的头衔，而且还在于他有什么样的能力。就如一把利剑如果被冠之以干将，莫邪之名而无干将、莫邪之实就无法享有宝剑的待遇。人同样如此，即使你有剑桥、牛津的学历而无剑桥、牛津的能力，你也不可能得到重用。人是因为有了能力才会被放在该放的位置上去享受他该有的待遇。所以，最重要的是能力，而不是其他的任何附属价值。

三国时期的诸葛亮，在治军和治国方面都取得了有口皆碑的成绩。诸葛亮之所以会成功，主要是因为他选拔了大量德才兼备的贤臣良将。诸葛亮在总结其选贤任能的标准时，归结了以下一段话：

"问之以是非以观其志，穷之以辞辩以观其变，咨之以计谋以观其识，临之以利以观其廉，告之以祸难以观其勇，期之以事以观其信，醉之以酒以观其性。"

这段话把人才的基本能力素质概括得非常全面，这段话不仅是古人选贤任能的标准，对于当代人才的选拔，仍然有很大的参考价值。

　　在青岛举行的化工学院应届硕士毕业生答辩会上,答辩委员会由7人组成,这7人之中除了指导老师、资深教授之外,还有齐鲁石化公司的科研负责人及青岛橡胶集团的总工程师。

　　在答辩的过程之中,来自企业方面的评委们就工艺生产之中的一些现实性的问题频频提问,然后让毕业生们画出图表、定出模型再予以解答。

　　青岛化工学院的赵树高教授说,以往毕业生的答辩评委全由在校的老师组成,只要是在学术上没有什么大的问题一般都可毕业。而现在,只有5~7人的答辩委员会之中,企业的技术负责人就占了2~3人,如果毕业生的论文在这一关通不过,答辩也就通不过了,学位也就拿不到了,即空谈的研究生难毕业。

　　教育界的有关人士认为,请企业界的总工、科研界的负责人来对学子的能力进行考核,将会使毕业生所选择的研究方向更符合实际,在企业生产之中的一些技术难题也更易解决,所以这种校方与企业联手的做法非常值得提倡。

　　许多人认为有高文凭高学历就可以推开任意一家企业的大门,其实错了。学历只能代表你的过去,却无法代表你的未来。只有将你的个人能力提升到应有的高度才不会在生存的竞争中落败。

　　有个叫李清的人,读书非常多,取得了一些不同类型的证书,同时还挂名担任一些单位的干事。他已经30多岁了,却仍然不知道自己的人生方向和目标,每天只是做着一些形式化的工作。与李清第一次接触的人,肯定会对其投以尊重的眼光,因为他会给人一种很有才干的错觉。有了先入为主的"尊重"印象,如果你与李清接触,才知道其实他一无所长,没有任何自己的特长。

受教育少的人，可能会在心里存在着一种退缩感，遇事没有信心，发展起事业来会处处受到限制。而受教育多的人，又盲目地相信手中所拿着的几本文凭就可以号令天下。

其实真正的知识，并不仅仅是从学校课本中得来的，也不是靠文凭就能证明的，它要从实践能力中获得。那些受过教育的人，也只不过是比别人多掌握了几种寻找学问的门路，如果不在实践中进行一番提炼的话，那么他们所学的知识是不能进一步深化的。人情世故的练达，办事才能的训练，并不是仅在书本中就可以学到。"能力"这一概念的内涵在近几年才逐渐得到了人们的特别关注。所谓能力，就是人们平时所说的"本事"。而实际能力，则就是你运用知识和智能进行实际活动的本领。能力是在知识的积累上形成的，知识在能力的指导之下"活化"；如果能力缺少了知识就是低层次的，如果知识没有了能力就是"僵死"的。

近几年，"能力"的地位已在人们的心目中有了明显的提高，但有些人则对培养什么样的能力还比较模糊。能力，并不是人与生俱来的，能力必须经过专门的培训才能得到。

人的能力，有其所特有的内容和要求，必须经过特定的途径或方法才能对其加以培养和提高。所以，我们应该注意自己能力上的欠缺，努力弥补自己的不足，使自己具备该有的能力，逐渐步入生存境界的最佳状态。

做自己的行业领域的"专家"

无论从事什么职业，都应该精通它。勤于钻研，下决心掌握自己行业领域的所有问题，就可以使自己变得比他人更具竞争力。如果你精通自己的全部业务，就能赢得良好的声誉，获得快速提升自己境界的绝佳途径。

现在，最需要做到的就是"精通"二字。大自然要经过千百年的进化，才进化出长着艳丽的花朵和饱满的果实的植物。

当你精通自己的业务，成为你那个领域的专家时，你便具备了自己的优势。

这里我们强调"尽快"，并没有一定的时间限制，只是说要越早越好。这要完全看你个人的资质和客观环境。但如果拖到四五十岁才成为专家，总是慢了些。因为到了这个年龄，很多人也磨成专家了，那你还有什么优势可言。因此"尽快"两个字的意思是——走上社会后入了行，就要毫不懈怠，竭尽全力地把你那一行钻研清楚，并成为其中的佼佼者。如果你能这么做，你很快就可以超越其他人。

一般来讲，刚走入社会的年轻人心情还不是十分稳定，有的忙于玩乐，有的忙于谈情说爱，真正把心思放在钻研工作上的不是很多，很多人只是靠工作来维持生计，一心想成为"专家"的则更少了。别人在玩乐、悠闲，这不正是你的好时机吗？苦熬几年下来，你累积了自己的实力，超乎众人，他们再也追不上来，而这也就是

一个人事业成就高低的关键。

那么怎样才能"尽快"在本领域中成为"专家"呢？

首先，选定你的行业。你可以根据所学来选，如你没有机会"学以致用"也没有关系，很多人所取得的成就与其在学校学的专业并没太大关系。不过，与其根据学业来选，不如根据兴趣来定。不管根据什么来选，一旦选定了这个行业，最好不要轻易转行，因为这样会让你中断学习，减低效果。每一行都有其苦乐，因此你不必想得太多，关键是要把精力放在你的工作之上。

其次，勤于钻研。行业选定之后，接下来要像海绵一样，广泛摄取、拼命吸收这一行业中的各种知识。你可以向同事、主管、前辈请教，义务加班也没关系，这也是一种学习。另外可以吸收各种报纸、杂志的信息。此外，专业进修班、讲座、研讨会也都要参加。也就是说，要在你所干的这一行业中全方位地深度发展。

最后，制订目标。你可以把自己的学习分成几个阶段，并限定在一定的时间内完成学习。这是一种压迫式学习法，可迫使自己向前进步，也可改变自己的习惯，训练自己的意志。然后，你可以开始展示自己学习的成果，你不必急于"功成名就"，但一段时间之后，假若你学有所成，并在自己的工作中表现出来，你必然会受到领导的注意。当你成为专家后，你的身价必会水涨船高，也用不着你去自抬身价，而这正是你"赚大钱"的基本条件。只要有"专家"的条件，人人都会看重你，何愁没有高工资？

不过，成了"专家"之后，你还必须注意时代发展的潮流，你还要不断更新提高自我。否则，你又会像他人一样原地踏步，你的"专家"水平就会开始打折扣。

专注胜于一切

人的精力是有限的，将有限的精力投入到很多事情上去，则用于做每件事情的时间都会很少，通常也就不会做得很出色。如果一个人花十年的时间专注于某一件事，那么十年后，他基本上会把那件事做得很好。正所谓"十年磨一剑"，这一剑必是锋利无比、削铁如泥的宝剑，与只用几天磨出来的剑是不可同日而语的。一桶水，只浇一棵树，可以使它成活；如果用来浇十棵树，恐怕每一棵都会死去。二十几岁年轻人精力的使用也遵循同样的道理。我们常说"有所不为才能有所为"，强调的也是专注的重要。

古往今来，凡是有成就的人，都很注意把精力集中用在一个目标上，专心致志，集中突破，这是他们成功的最佳方案。历史上不少人被埋没，除了社会原因外，没有找到他们献身的具体目标，东一榔头，西一棒槌，今日种瓜，明日种豆，不能不是一个重要原因。

有人在客厅里钉一幅画，请邻居来帮忙。画已在墙上扶好，正准备砸钉子，他说："等一等，木块有点大，最好能锯掉点。"于是便四处去找锯子。找来锯子，还没有锯两下，"不行，这锯子太钝了，得磨一磨。"

他家有一把锉刀，锉刀拿来了，他又发现锉刀没有把柄。为了

给锉刀安把柄，他又去校园边上的一个灌木丛里寻找小树。要砍下小树，他又发现那把生满老锈的斧头实在是不能用。他又找来磨刀石，可为了固定住必须制作几根固定磨刀石的木条。为此他又去找一位木匠，他想木匠家一定有现成的。然而这一走，就是很长时间。下午再见到他的时候，是在街上，他正在帮木匠从商店里往外架一台笨重的电锯……

也许你会觉得这个故事有点儿搞笑，事实上，工作和生活中有好多走不回来的人。他们认为要做好这一件事，必须去做前一件事，要做好前一件事，必须去做更前面的一件事。他们逆流而上，寻根探底，直到把那原始的目的淡忘得一干二净。这种人看似忙忙碌碌，一副辛苦的样子，其实，他们不知道自己在忙什么。起初，个别的人也许还知道，然而一旦忙开了，还真就忘了自己的初衷。

可以看出，最成功的人都是能够迅速而果断做出决定的人，他们总是首先确定一个明确的目标，并集中精力，专心致志地朝这个目标努力。

曾经有人问牛顿怎样发现了"万有引力定律"，他回答说："我一直在想这件事。"成功者始终将目光集中在他们的目标上，他们常常在向目标奋进的过程中提醒自己的目标所在。

林肯专心致力于解放黑奴，并因此使自己成为美国最伟大的总统。

李斯特在听过一次演说后，内心充满了成为一名伟大律师的欲望，他把一切心力专注于这个目标，结果成为美国最成功的律师之一。

汉代大儒董仲舒为了著书立说，有三年时间连近在咫尺的花园都没有看一眼，终成一代鸿儒。

只专心地做一件事，全身心地投入并积极地希望它成功，这样你的心里就不会感到筋疲力尽。不要让你的思维转到别的事情、别的需要或别的想法上去。专心于你已经决定去做的那个重要项目，放弃其他所有的事。

于华有一次乘出租车到机场，途中他看到旁边一辆空计程车违规肇事，就对司机抱怨说："空车没有载客，应该从从容容地开才对，怎么还这样漫无章法呢？"

正在驾驶的司机却侧过脸对他说："就因为是空车，所以更容易出事！"空驶计程车因为急于寻找客人，开车时总是东张西望，注意力不集中。有时正要左转，心想也许这时候右边的客人或许多些，又临时改为右转，所以速度虽不见得快，却最容易出事。倒是许多载了客人的计程车，司机心里有一定的目的地，纵使开得快了些，也不容易肇事。

认定目标的人，速度快而平稳；没有志向而彷徨犹豫的人，不但速度慢，而且还容易出错。记住这一点，可以使我们处理事情的方式有种面目一新的改观。

把你需要做的事想象成一大排抽屉中的一个小抽屉。你的工作只是一次拉开一个抽屉，令人满意地完成抽屉内的工作，然后将抽屉推回去。不要总想着所有的抽屉，而要将精力集中于你已经打开的那个抽屉。一旦你把一个抽屉推回去了，就不要再去想它。

了解你在每次任务中所需担负的责任，了解你的极限。如果你把自己弄得筋疲力尽和失去控制，那你就是在浪费你的时间、健康

和快乐。选择最重要的事先做，把其他的事放在一边。做得少一点，做得好一点，才能在工作中得到更多的快乐。

最弱的人，集中精力于单一目标，也能有所成就；反之，最强的人，分心于太多事务，也可能一事无成。在激烈的竞争中，如果二十几岁的年轻人能向一个目标集中注意力，成功的机会将大大增加。

平衡工作与生活

努力工作也要讲究方法和策略。很多人都把"努力"、"勤奋"当做自己的座右铭，因而整天忙忙碌碌，常年忍受着劳累，但这样就一定能够成功吗？就一定会获得富裕生活所需要的一切吗？

微软创始人比尔·盖茨就曾向媒体公开表示，他不赞成辛辛苦苦地工作，因为成功与辛苦工作没什么必然的关系。相反，运用高效率工作的快乐方法，能帮助人拥有更轻松悠闲的生活节奏，并从中获取更多的收获。他说："人生有两项主要目标：第一，拥有你所向往的；第二，享受它们。只有聪明的人才能做到第二点。努力工作，同时享受生活，我们每个人都应该这样。"

如何平衡工作和生活之间的关系，是我们常常不得不面对的问题。近年，随着社会经济的发展，生活节奏的加快，身在职场的人们越来越感到工作和生活的压力，根据网上的调查结果显示，有

65％左右的人感到工作不快乐，身心疲惫。所以，"努力工作，尽情享受"的文化理念也越来越受到企业的认同和倡导。

亨利·福特曾经聘请一个效率专家来检测福特汽车公司的员工业绩与表现。这个专家的报告里充满了赞美之词，只是对其中一个员工存在很大疑虑。他告诉亨利·福特："那间办公室里的那个家伙白拿钱不干事。每次我经过那间办公室时，总看见他把脚搁在办公桌上悠闲地坐在那里。"

亨利·福特回答道："那个人曾经想出了一个让我们节省了数百万美元的好主意。每当他正在想一些好主意的时候，他的脚就会那样放着。他总是看起来很悠闲，但他却是我最好的员工。"工作效率高的员工，总是能使自己很轻松，又会得到老板的奖赏，以及令人钦羡的回报。成功的人往往不是最忙碌的人，而是在方法上与众不同的聪明者。如果一味地忙碌却不知思考少花时间和精力的方法，就会只出蛮力不出活，一身是劳累，又哪里能体会到工作的快乐呢？

工作是生活的一部分，工作是为了更好的生活。一些人活着是为了工作，结果他连死都死在工作上，这是不应该提倡的。努力工作和良好的业绩并不是公司对员工期望的全部，而保持工作与个人生活之间的平衡，精神饱满地工作与积极地生活是人类共同向往的目标。

工作过度劳累可能会给你带来可怕的后果，最终会导致很多疾病，例如失眠、抑郁症、心脏病、溃疡和背痛等等。这些疾病中的任何一种都可以使你立刻失去战斗力，甚至给你造成不可弥补的损失。

　　每天，你是不是任由疲倦、沮丧、烦闷包围着？你对你的生活与工作感到无比的厌烦，简直有快活不下去的感觉？当你觉得疲倦、容易发脾气、动不动就对上司或同事发怒的时候，这就是你要休息的信号。

　　这时候，你就要去寻找一些工作之外的东西，享受8小时之外的快乐。你可以通过参加一些丰富多彩的健身、娱乐活动来调解工作压力，拥有更加健康、平衡的生活，促进个人成长和能力发展，从而提高生活品质和工作绩效。这样做更重要的是能培养你积极的人生态度和阳光心态，把工作当做快乐的生活过程。

　　过度的压力和劳累常常使人身心受损。你一定要谨记，事业上的成功不是一朝一夕的事，一定要合理安排好自己的生活，确保工作和生活张弛有度。工作越是忙碌，越是应该学会见缝插针地"偷懒"，以便有足够的体能和极佳的精神状态，从容应对摆在面前的大小事务。

　　不管你从事的是什么工作，一定要保证每周都拿出一定的时间让自己从繁忙的工作中脱离出来，去享受生活的美好。在这段时间里，你可以去郊游、登山，也可以去参加体育锻炼或者去参加社区活动。

　　尽管有些人留出了休闲的时间，但他们的休闲时间大部分只是花在看电视上。这种休闲方式我很不提倡，看电视是最消耗时间的消遣——看电视是取代社交活动，而不是参加社交活动，是一种消极的活动。除了看电视外，也有一些人以花钱购物、吃零食、到处闲逛等方式来度过他们的休闲时间。实际上，这些也是消极性的休闲。

那么，哪些才是积极性的休闲活动呢？比如写作、阅读、散步、参加社区活动等，这些都是可以拓展个人思维和才能的活动，才是积极的休闲活动，它们能让人在生活中获得满足感。留下休闲的时间还不够，你还要知道如何去休闲、运动。

总之，你除了要执著于工作之外，还必须拥有个人的生活空间——花时间去休闲、运动。如果你能在工作之外也过着充实而满足的生活，你就能把这种好心情带入到工作中去。

突破自我，向高难度挑战

西方有句名言："一个人的思想决定一个人的命运。不敢向高难度的工作挑战，是对自己潜能的自我束缚，只能使自己无限的潜能浪费在无谓的琐事中。与此同时，无知的认识会使人的天赋减弱，因为懦夫一样的所作所为，不配拥有生存状态之下的高层境界。"

事实上，任何人只要勇于突破自己的心态瓶颈，突破极限约束的阻碍，成功便近在眼前。

举重项目之一的挺举，有一种"500磅（约227公斤）瓶颈"的说法，也就是说，以人体的体力极限而言，500磅是很难超越的瓶颈。499磅的纪录保持者巴雷里，比赛时所用的杠铃，由于工作人员的失误，实际上超过了500磅。这个消息发布之后，世界上有六位举重好手在一瞬间就举起了一直未能突破的500磅杠铃。

有一位撑杆跳的选手，一直苦练都无法越过某一个高度，他失望地对教练说："我实在是跳不过去。"

教练问："你心里在想什么？"

他说："我一冲到起跳线时，看到那个高度，就觉得我跳不过去。"

教练告诉他："你一定可以跳过去。把你的心从杆上摔过去，你的身子也一定会跟着过去。"他撑起杆又跳了一次，果然跃过。

心，可以超越困难，可以突破阻挠；心，可以粉碎障碍；心，终必会达到你的期望。最大的障碍是你自己！当你面对"不可能完成"的高难度工作时，你已经使自己陷于无能力完成这份工作的消极心态。

勇于向极限挑战的精神，是获得高标准生存之境的基础。职场之中，很多人如你一样，虽然颇有才学，具备种种获得上司赏识的能力，但是却有个致命弱点：缺乏挑战极限的勇气，只愿做职场中谨小慎微的"安全专家"。对不时出现的那些异常困难的工作，因觉得不能做好而不敢主动发起"进攻"，一躲再躲，恨不能避到天涯海角。结果，终其一生，也只能从事一些平庸的工作。

"职场勇士"与"职场懦夫"，在上司心目中的地位有天壤之别，根本无法并驾齐驱，相提并论。一位企业老总描述自己心目中的理想员工时说："我们所急需的人才，是有奋斗进取精神、勇于向'不可能完成'的工作挑战的人。"勇于向"不可能完成"的工作挑战的员工，犹如稀有动物一样，始终供不应求，是人才市场上的"抢手货"。

在如此失衡的市场环境中，如果你是一个"安全专家"，不敢向自己的极限挑战，那么，在与"职场勇士"的竞争中，永远不要奢望得到上司的垂青。当你万分羡慕那些有着杰出表现的同事，羡慕他们深得老板器重并被委以重任时，那么，你一定要明白，他们的成功绝不是偶然的。他们之所以成功，得到老板青睐，很大程度上取决于他们勇于挑战"不可能完成"的工作。在复杂的职场中，正是秉持这一原则，他们不懈地磨砺生存的利器，不断力争上游，才能不断上升。

职场之中，渴望成功，是多数员工的心声。如果你也在其列，那么当一件人人看似"不可能完成"的艰难工作摆在你面前时，不要抱着"避之唯恐不及"的态度，更不要花过多的时间去设想最糟糕的结局，不断重复"根本不能完成"的念头——这等于在预演失败。

要想从根本上克服这种无知的障碍，走出"不可能"这一自我否定的阴影，跻身高层生存境界之列，你必须有充分的自信。相信自己，用信心支撑自己完成这个在别人眼中不可能完成的工作。

当然，在灌注信心的同时，你必须了解这些工作为什么被称为"不可能完成"，针对工作中的种种"不可能"，看看自己是否具有一定挑战力，如果没有，先把自身功夫做足做硬，"有了金刚钻，再揽瓷器活儿"。须知道，挑战"不可能完成"的工作常有两种结果——成功或失败。而你的挑战力往往使两者只有一线之差，不可不慎。

但换言之，如果你对自己的挑战力判断有误，挑战之后让"不可能完成"变成现实，千万不要沮丧失望。聪明、成熟的上司，一

定不会只看结果是成功还是失败，还会观察你的敢于挑战的工作态度和头脑的运用。他比任何人都明白，没有一种挑战会有马到成功的必然性。所以，你所经历的、所得到的，都是胆怯观望者们永远都没有机会知道的——因为他们根本就不敢尝试。

极限并非不可逾越，不可逾越的只有你心中的那道坎。如果你想提升自己的生存境界，你给自己设定的那个极限就必须要靠你自己的努力跨越。这样，你的人生才不至于黯淡无光。

不要让"坏习惯"毁了你的前途

生活中的坏习惯会影响你的正常生活。也许在生活中你无法克服这些习惯，但在工作中你应尽量避免将它们带进来，影响你的工作。因为在工作中你的坏习惯有时不仅对你自己不利，还会牵涉到同事，甚至整个公司。

人们往往会以小见大，身在职场不可以随便。那些自己的不良习惯更应毫不犹豫地丢弃掉，不要让不良习惯伴你同行，反之，让好习惯常伴你左右，你便可在职场中轻松获胜。

（1）不要当众搔痒

大家都知道搔痒的举止不雅。搔痒的原因通常多是由于皮肤发痒而引起的。在出现这种情况时，当事者要按所处的场所来灵活掌握。如处在极严肃的场合，就应稍加忍耐；如实在忍无可忍，则只有离席到较隐蔽的地方去搔一下,然后赶紧回来。因为不管你怎样注意,搔痒的动作总是猥琐的,应避人为好。尤其有些人爱搔痒纯粹是出于习惯且无意识,只要人稍一坐就不断用手在身上东抓西挠,这更是不好的习惯,应尽量克服。

(2)要防止发自体内的各种声响

生活经验告诉我们,任何人对发自别人体内的声响都不太欢迎,甚至很讨厌。诸如咳嗽、喷嚏、哈欠、打嗝,等等。当然,这些声响有的只在人们犯病或身体不适时才有。例如,打喷嚏,常常是在一个人患感冒的时候才发生。当出现这种情况时正确的做法可用手帕掩住口鼻以减轻声响,并在打过喷嚏后向坐在近处的人说声"对不起"以表示歉意。但是,有的也是由于习惯所造成,主要是因本人不重视、不关心别人的心理所致,应当注意改正。

(3)不要将烟蒂到处乱丢

许多人都反对有人抽烟,究其原因,与不少抽烟者缺乏卫生习惯不无关系。有些吸烟者往往不注意吸烟对别人所造成的不便,他们不了解,不吸烟者除了害怕烟味会引起呛咳外,随风吹散的烟灰也使人感到不舒服,有时带有余烬的烟蒂还容易引起事故。这些都使不吸烟者有一种自发地抵制吸烟的情绪,所以,如果吸烟者随意处置吸剩的烟头,将它们丢在地上用脚踩灭,或随手在墙上甚至窗台上摁灭等,都是很令人讨厌的。对此,也必须自觉加以纠正。

(4)吐痰务必入盂

随地吐痰,也是一种令人侧目的坏习惯。有些人由于积患较深,随意将痰到处乱吐。甚至在水泥和木地板上也如此,这确实是种令人作呕的不文明行为。因为,随地吐痰之所以惹人厌恶,不仅由于痰是脏物,

吐在地上会直接弄脏地面,而且还会间接污染环境,传播疾病,损害许多人的健康。所以,文明的做法应当是将痰吐入痰盂;如果周围没有痰盂,就应到厕所里去吐痰,吐后立即用水冲洗干净。

(5)不要四处发嗲

一样在职场打拼,小姑娘遇到困难,撒撒娇就能蒙混过关,这样的例子,见多不怪;可要是撒娇过分了,就有点儿让人厌恶。

(6)勿随口说脏话

脏话本来就不受欢迎,在工作场合说脏话就更容易引起他人的反感。所以切忌在工作场所脏话连篇。

(7)勿借酒装疯

有不少人平常沉默寡言,三杯黄汤下肚就喋喋不休,有时候是唠唠叨叨地抱怨个没完,有时候是打架闹事……酒醒了之后又对自己这种举动深感后悔不已。

像这些一喝了酒就胡闹的家伙,他们的自制力已经完全被酒给麻痹了,等到酒精的作用退去了之后,根本就不记得自己说过或是做过什么。

俗话说:"酒后吐真言。"酒醒了之后,你可以不必对自己酒后的行为负责任,但对方可不会忘记你所说过的话。

有些酒品不好的人甚至于会在喝酒的时候装醉,大肆批评自己的老板。这些"醉话"一旦传到老板的耳朵里,最容易引起老板的痛恨。

(8)勿表里不一

老板因为会议或出差而不在的时候,办公室气氛自然会显得比较轻松。这时候,有的人大声谈笑,有的人批评老板的不是,有的人甚至大摇大摆地坐在老板的位子上大放厥词……

所谓"阎王不在，小鬼当家"指的就是这种情况。平常表现得唯唯诺诺，只有在这个时候才摆出耀武扬威的样子，这种人和可怜虫有什么两样？

表里如一并不是很难做到的。事实上，不论什么时候都保持相同的处世态度，才能得到真正的快乐。阳奉阴违地看人脸色做事，必须要随时保持警觉心以防被拆穿。让自己活得这么累，有什么意义？

开会时憋了一肚子的气，好不容易才解放出来的一伙人，一起跑进洗手间松一口气，这些人碰在一起就毫不留情地批评起上司："这总务科长可真会逢迎拍马，叫人受不了。跟这种人怎么会有好呢？"结果，没想到总务科长也在洗手间里。

以上所列这些只是工作恶习中的一角，不良习惯又何止这些。不管怎么说，类似的习惯终究是不好的，在职场中要给他人一个好的印象，避免这些不良习惯，既可以增加人气，又可以让自己活出潇洒、活出高境界，何乐而不为？

紧抓兴趣，做出一番事业

兴趣是行动的重要动力之一，是成功的重要条件。兴趣在生存活动中起着重要的作用。

首先，兴趣可影响人们的职业定向和职业选择。在求职中，人们常会考虑到自己对某方面的工作是否有兴趣。兴趣发展一般经历有趣、乐趣、志趣三个阶段。从有趣开始，逐渐产生乐趣，进而与奋斗目标相结合，发展成为志趣，表现出方向性和意志性的特点，使人坚定地追求某种职业，并为之尽心竭力。

其次，兴趣还可以开发人的能力，激发人们探索和创造。一个人对某事物感兴趣，会激发起他对该事物的求知欲和探索热情，促使他充分调动整个身心的积极性，使情绪饱满，智能和体能进入最佳状态，最大限度地施展才华，挖掘潜力，发挥人的主动性和创造性，有助于成功。

另外，兴趣可以增强人的适应性。研究资料表明，如果一个人对某一工作有兴趣，能发挥他全部才能的 80% ~ 90%，并且能长时间地保持高效率而不感到疲劳；相反，对某工作不感兴趣，在这方面只能发挥全部才能的 20% ~ 30%，也容易感到疲劳、厌倦。广泛的兴趣可以使人善于应付多变的环境，即使变换工作性质，也能很快熟悉和适应新的工作。

在选择自己的生存途径时，我们需要知道自己对哪类工作感兴趣并能满足自己的意愿。只有将能力和兴趣结合起来考虑，才更有可能取得事业的成功。

有一个男孩子，父母希望他能成为一位体面的医生。可是男孩读到高中便被计算机迷住了，整天鼓捣一台现在看来十分落后的苹果机，他把计算机的主板拆下又装上。

父母很伤心，告诉他，他应该用功念书，否则根本无法立足社会。可是，男孩说："我对电脑很感兴趣，有朝一日我会开一家公司。"父母根本不相信，还是千方百计按自己的意愿培养男孩，希望他能成为一位医生。

不久，男孩终于按照父母的意愿考入了一所大学的医科，可是他只喜欢电脑。在第一学期，他从当时零售商处买来降价处理的IBM个人电脑，在宿舍里改装升级后卖给同学。他组装的电脑性能优良，而且价格便宜。不久，他的电脑不但在学校里走俏，而且连附近的法律事务所和许多小企业也纷纷前来购买。

第一个学期快要结束的时候，他告诉父母，他要退学。父母坚决不同意，只允许他利用假期推销电脑，并且提出条件，如果一个夏季销售不好，那么，必须放弃电脑。可是，男孩的电脑生意就在这个夏季突飞猛进，仅用了一个月的时间，他就完成了18万美元的销售额。

他的计划成功了，父母很遗憾地同意他退学。

他组建了自己的公司，打出了自己的品牌。在很短的时间内，他良好的业绩引起投资家的关注。第二年，公司顺利地发行了股票，他拥有了1800万美元的资金，那年他才23岁。

10年后，他创下了类似于比尔·盖茨般的神话，拥有资产达43亿美元。他就是美国戴尔公司总裁迈克尔·戴尔。

正是他对自己的兴趣理智地做出了选择，从而成就了后来的辉煌。所以，当你选择生存之路时，千万别让你的兴趣在遗憾中消磨殆尽，而应该紧抓兴趣，创出一番不凡的事业。

别让机会从身边溜走

机会之神对所有遇见他的人都是平等的，遇到他的人会获得什么全看自己的表现。有的人随便跟他打了个招呼，就错过了成功；有的人和他握一握手，便达到了目标；有的人给了他一个拥抱，结果获得了意外之喜！

机遇对于我们来说，是重要的，但它不会像天气预报一样，会提前通知它的到来。机遇常常悄悄潜入我们身边，就像个童话中的精灵，很难一亲其芳泽。

你想让梦想成真，达成自己的目标，首先必须给成功一个实现的机会！你不努力尝试，那怎么可能成功？你不敢战斗，又怎么可能获胜？

国内的燃气大王王玉锁在 20 世纪 80 年代末就开始离家做各种各样的小生意，但一直没赚到什么大钱。有一次在河北任丘遇到一个能弄到燃气的朋友，他觉得是个大机会。还没等对方弄到气，他就骑着借来的自行车，先将设备拉回到老家，往自家小铺一放，贴了个告示，大意是：就这个东西，谁买，你先交 12 罐气的钱，10 块钱一罐，是 120 块。王玉锁后来回忆说："我这个东西一套是 120 块，加上气一次共交 240 块钱，我记得很清楚。实际我这个气是一次交一次钱，这样我不就多一些资金了吗？另外，再加上利润呢，那时一套挣40多块钱。"做饭烧燃气，那时候即使对于许多北京人来说也是有门路的象征，何况是在河北廊房。他的告示贴出来，顾客立刻蜂拥而至，当时就登记了七八套，几天时间就卖出去40多套，净赚1000多元。以后王玉锁常跑任丘，瞄准燃气，不断做大，终于修成正果，成为中国有名的"燃气大王"和大富豪。

王玉锁掘出第一桶金的过程很简单，但他的做法却是大胆而有谋略的，他抓住了当时燃气供应紧缺的机会，以打广告让人预订的方式来提前收回资金，既为自己赚到了启动资金，也使供货方更容易信任他。这一做法在当时商业不发达的情况下十分可贵。

王玉锁的成功实例验证了一个不争的事实：如何以最适当的方法抓住机会，并将其以最好的方式加以运用就可以达到自己的目的。他们都是以开创性的方法抓住了机会。但如果你是个有心人，通过模式的套用也可以抓住机会。

美国实业界鼎鼎大名的爱克尔先生，一开始的时候经营咸肉生意。他不但善于发现机会，而且善于抓住机会，使自己的生意一举成功。一天，他在纽约街上散步，忽然看见一家小店门前有很多人在排队购货。他走近一看，原来也是卖咸肉的，只是这家老板方便顾客，将咸肉切成薄片，装在两磅装的纸盒里出售，所以很受欢迎。爱克尔想：这个主意真是太好了，只可惜两磅装的咸肉片还是太多了些，如果改成1磅装的，生意肯定还会兴隆。于是，他回去后便对自己的生意进行了改进：把肉片切得更薄，更均匀，以1磅装送到市场，并配上精美的山毛榉食品公司商标。果然，购买者踊跃，该公司加工的食品很快闻名全美，从此一发不可收拾，推广至全

世界。

　　机会常常是一种看时有、寻时无的东西，需要突发的灵感加以把握。你可以用独创的方式去抓住它，也可以用借鉴和模仿的方式抓住它。总之，无论你采用哪种方法，利用它产生最大的效益是最主要的。那些成功人士都是善用他们的方式抓住机会的人。

不要过分看重"文凭"

　　社会进步的推动力不是那些只有文凭的人，而是那些有知识更有能力的人。光有镀金的文凭是不够的，你必须能够拿出比文凭更能证明你自己的本领来。社会需要的是你的能力而不是学历，学历能够证明的只是你学习书本知识的能力。真正的才能是在实践中体现出来的，实践能力是最主要的生存能力。

　　前几年，社会上流行"考证热潮"。想找个好工作？好办！你先拿出你的学位证、英语等级证、计算机等级证以及各种资格证书，证书越多就代表你越有才干。报纸上登了这样一件事：

　　某名牌大学的一名高才生，在学校里是个"十项全能"的风云人物，当然各种证书也拿了不少。但天有不测风云，就在他毕业前夕，一把意外之火却烧掉了他"全部家当"。他自信能力过人，也就没急着补办证书，只是请老师开了个证明。没想到招聘会一开始就吃了大亏。各家企业对他才情并茂的自荐信不屑一顾，却一再追问他有什么证书,尽管有学校的证明,但各家企业都很客气地请他走人。眼看同学都找到了不错的工作,只有自己毫无着落,他心急如焚,这真是"企业大门朝南开,有才无证莫进来"!最后,此君还是拿到补办的各种证书后,才找到了个工作。

现在各企事业单位就理智多了。因为,先前他们招聘到的优秀大学生,有许多都是眼高手低,只挑高管职位,却没有实干能力,给企业造成了很大的负担。所以,现在的企事业单位已开始越来越重视能力了,"拥有哈佛的学位可以在世界任何一个地方混得好",不少现在或将来想去哈佛求学镀金的人都这样认为。那么哈佛到底有多神?哈佛学子真是个个成功?哈佛的理念真能在中国的土壤上生根发芽?非也。仅有哈佛的一张文凭却没有能力的人,绝对担不起重任,难以出人头地。手里拿着哈佛的毕业证书,有时却连工作也难找到,这在哈佛毕业生中并不少见。

汉斯学习成绩出类拔萃,财务、会计等课程门门优秀,投资银行很需要这样的人才,而他也希望参加几家投资银行的面试,但他却接连失败了。在学校,他确实是位屈指可数的优等生,但不知怎么偏偏在面试时怯场,哈佛的口才培养看来没有在他身上起到良好的作用,甚至就连那些成绩一般的学生都录用的二流企业,也没有录用他。最后在他准备的面试公司名单上,只剩下了一家地方城市的公司。由于连续的挫折,汉斯的精神受到很大的打击。他想,自己的大学时代就是在这个城市的近郊度过的,回到这里不是也很好吗?

面试开始后汉斯感受这次面试有一种与以往不同的好气氛,考官是一位平易近人的年轻人,而且毕业于与母校有密切关系的大学,

所以谈起来非常融洽：他想，这次可能差不多了吧？

哪知这时考官发问了："你想来我们公司的动机是什么？"

说实话，他本来就没想到会到这最后一家候选公司面试，所以准备很不充分，对该公司的内部情况一无所知。慌乱之中他只能把自己有关投资银行的知识拿出来应付场面，这样他就犯了一个致命的错误。一席话说完，考官默默地站起来，打开房门，做出一个请走人的手势："对不起，我们公司可不是投资银行，以前不是，现在不是，将来也不打算成为投资银行。不过你的发言还真让我吃了一惊。迄今为止把我们与投资银行搞混的人你还是第一个。请记住，我们公司是美国屈指可数的几家资产管理公司之一，真不知你是怎么从哈佛毕业的。"走出面试房间已经很长时间了，那位考官的话还在汉斯耳边回荡。

类似汉斯的遭遇的哈佛毕业生不少，他们往往也能找到一份属于自己的工作，但绝对不是如人们想象的是凭了哈佛的毕业证书，而是因为他们自身的能力出色。

实力是你唯一的通行证，也是你最可靠和有效的通行证。

不要以为文凭可以代表一切。对于我们每个人而言，无论站在哪个地方开始出发，都应该让自己有一种归零心态，踏实走好每一步。这正是通往高标准生存境界之门的正确心态，而且也只有这种心态才能让自己活得更好。

训练自己的竞争力

在当今竞争日益激烈的职场,要想立住脚并且有所发展,必须让你自己成为独一无二、无可替代的人,这是摆脱被淘汰命运的最佳方式。

每一个追求高标准生存境界的人都会追求个人价值的最大化发挥。在职场上,这种个人价值的最大化发挥就表现在让自己卓越到无可替代。只有这样,你才可在激烈的角逐中成为领军人物,不可或缺。要想在现代社会的激烈竞争中立于不败之地,让生存不会时时受到威胁,就要注意训练自己:

(1)在工作中磨炼自己。"不进步,就退步。"一个人各方面能力的磨炼,都可以做如是观。商人在工作上所受到的磨炼往往是多方面的,所以他们经验的丰富,远非一般从事专门工作者可比。如今一般毕业生,多半投入商业,虽然用非所学,他们却在工作中得到磨炼。

(2)适时抓住机会。经营商业,在100年以前,被认为是不高尚的事,但时至今日,跟着世界文明的进步,各国的商业都已呈突飞猛进之势,其地位之重要,已占全部行业的第一把交椅。

要从事商业,一个知识广博、经验丰富的人,远比那些庸庸碌碌的人更容易获得机会。当然,在事业经营之前,能够准备得越充

足越好，经验积蓄得越多越好。一个初入社会的人，当他的地位逐渐升迁时，他一定有不少机会，可以从各方面学得一件事情的精髓。如果他能抓住这些宝贵的机会，他迟早必会获得成功。有位先辈说："我的职员，没有一个不是从最基层依次升迁的。俗语说：'有益于职务，就是有益于自己。'任何人，如能在开始服务时就记住这句话，他的前途一定充满希望。凡经我们考试及格而任用的人，只要自己肯上进，都不难逐步获得良好位置。"

（3）不能浅尝辄止。一个熟悉世情、经验丰富的人，在各行业里，无处不可立足。那些企业家随时都在向各处访求勤勉刻苦、敏捷伶俐、意志坚强的青年。因为这种人在工作中，必千方百计地求得完美、求得发展、求得成功。

一个初出茅庐的人，进入社会，必须随时体察，处处注意，必须研究得十分透彻才好。千万不可粗忽疏失、学得一知半解就罢手。须知虽小至微尘，也应仔细观察；虽千辛万苦，也应努力经营。这样一来，一切途中的障碍，都可以一扫而尽。

（4）要有不畏艰险的勇气。我们随处可以看见许多人，做起事来，都喜欢避繁就简，对于其中麻烦、困难、乏味的部分，随意趋避，不愿接触。好像那些打算占领敌人阵地的士兵，却不愿动手去破坏敌人的炮台，结果，必然被敌人轰得东躲西窜、无处安身。所以一个希望成功获胜的人，必须不分巨细，悉数决心征服，不畏艰险，勇往直前去做才行。

这里有一句很好的格言，可以写在无数可怜的失败者的墓碑上："只因没有好好地准备，所以糊里糊涂地失败。"有些人，虽然很努力，但因他们事先没有准备妥当，因此，不得不大兜圈子，以致一生都走不到目的地，达不到成功的境界。

（5）做事要用心。有不少人，对于眼前的事物，往往无知无觉。即使有人在一家商店里已经服务多年，对于经商营业仍是一个门外汉，原因是他们做事总是睁一只眼、闭一只眼，从不留心任何与他接触的事物。但那些精明干练的青年只做上两三个月，对于店中大小事物就了如指掌了。

（6）不断充实自己。有些人，随时都在磨炼自己的工作能力，任何事他都要做得高人一筹；他总是睁大眼睛望着一切接触到的事物，务必观察思考得完全明白才罢休。他无时无刻不抓住机会学习、磨炼、研究。他对有关自己前途的学习机会，看得非常重要，远在财富之上。

他随时都学习工作的方法和待人的技巧。一件极小的事情，在他眼里，总觉得有学好的必要；对于任何方法，他都要详细研究考虑，探求成功的奥秘。当他把这许多事情都一一学会之后，他所获得的，比起有限的薪金，真不知要可贵多少。他的工作兴趣，完全系于学习与磨炼上。

那些才智卓越的人，一定会利用晚上的闲暇时间，把白天所见闻所思考的工作方法与应对技巧从头研究一番。这样一来，他所获得的益处，真比白天工作所得的薪金多多了。他很明白，这些学识是他将来成功的基础，是人生的无价之宝！